底层逻辑

慕 白◎著

UNDERLYING LOGIC

中国经济出版社
CHINA ECONOMIC PUBLISHING HOUSE

图书在版编目（CIP）数据

底层逻辑 / 慕白著 . -- 北京：中国经济出版社，
2023.9（2024.8 重印）
ISBN 978-7-5136-7433-1

Ⅰ.①底… Ⅱ.①慕… Ⅲ.①成功心理—通俗读物
Ⅳ.① B848.4-49

中国国家版本馆 CIP 数据核字（2023）第 158843 号

责任编辑　张梦初
责任印制　马小宾
封面设计　于德梅

出版发行	中国经济出版社
印　刷　者	三河市宏顺兴印刷有限公司
经　销　者	各地新华书店
开　　　本	880mm×1230mm　1/32
印　　　张	6
字　　　数	120 千字
版　　　次	2023 年 9 月第 1 版
印　　　次	2024 年 8 月第 4 次
定　　　价	48.00 元

广告经营许可证　京西工商广字第 8179 号

中国经济出版社　网址 www.economyph.com　社址 北京市东城区安定门外大街 58 号　邮编 100011
本版图书如存在印装质量问题，请与本社销售中心联系调换（联系电话：010-57512564）

版权所有　盗版必究（举报电话：010-57512600）
国家版权局反盗版举报中心（举报电话：12390）　　服务热线：010-57512564

序 言

提升思维层级，解决根源问题

"听过很多道理，却依然过不好这一生。"这是电影《后会无期》里的一句台词。这句话引起了无数人的共鸣。我们每天都主动或被动地被网络、书籍以及身边人灌输各种各样的"大道理"。但这种碎片化的知识接收，只是让我们误认为自己听到即懂得了很多道理。实际上，这样的"道理"多半无用。

从"听"到"懂"要经历一个复杂的思维过程。那些"心灵鸡汤"往往只停留在人们的浅层认知中，很多时候我们并未深层次探究道理背后的原理以及传达的深意。结果，我们就停留在了"听过很多道理，自以为懂得很多道理，却依然过不好这一生"的尴尬境地里。

思维是有层次的。真正优秀的人，不是他学习了多少书本知识、听过多少人生道理，而是他掌握了真正的思考方法，提升了思维层次。如果只是在低层次（从外界和行动的层面）上思考，并不能真正解决问题。从低层次的思维模式，逐层向上探究高层次的思维模式，通过这样一种升维过程，将思维的层次提高，才有可能挖掘出问题的关键所在。

有的人抱怨：现在实体店生意太难做了，都是因为无处不在的互联网。但实际上不是实体店的生意不好做，只是你的实体店生意不好做。就像前些年，国内绝大多数手机外观都很丑，可是小米公司却推出了又便宜、又好用、又漂亮的手机，成功地赢得了消费者的青睐。而这也让其他手机厂家开始重新思考消费者的需求，至此它们才发现：物美价廉是消费者永恒的需求，而消费者的需求才是商家的最高追求。

事实上，我们人生中的每一次迷茫、遭遇的困境，多半是因为自己站得不够高、想得不够多。只有将我们的思维提升到一个新的高度，才可能从眼下的困局中跳脱出来，以一种有别于之前的方式来看待问题。一旦我们看清了事实的真相，那么走出迷茫、改变现状也就成了水到渠成、顺势而为的事情了。

这正是出版本书的初衷和意义。底层逻辑，就是从事物的底层、本质出发，寻找解决问题路径的一种思维方法。我们出版这本书，就是希望帮助你俯瞰这个世界，通过不变的底层逻辑，动态地、持续地看清事物、现象的本质，进而实现自我提升。

目 录

第一章 | 底层逻辑与逻辑的思辨

- 逻辑是什么，有什么用 002
- 底层逻辑的概念及内涵 005
- 底层逻辑是本质的，同时也是相对的 007
- 变的是观点，不变的是逻辑 010
- 普通人找方法，聪明人找逻辑 012

第二章 | 底层逻辑是最清醒的思考方式

- 为什么你被骗，还不愿意相信真相？ 016
- 共享事物的底层逻辑 019
- "有道理"不代表你做得对 022
- 在 how 之前，先找到 why 024
- 构建"金字塔思维结构" 026
- 借助类比思维，厘清逻辑关系 029
- 横向思考，打破逻辑局限 032
- 见树木，亦要见森林 035
- 掌握底层逻辑，做复杂世界的明白人 037

第三章 | 学习与认知的底层逻辑

学习是一辈子的事，不学行不行 040
授人以鱼，不如授人以渔 042
生活方式决定了你的认知水平 044
在知识"投喂"时代保持清醒 047
深度思考带来深度认知 050
从认知世界到认知自我 052
无所不能就是无所能 055
他人，于我而言是什么 057
固执背后，是你的低水平认知 060

第四章 | 职场生存的底层逻辑

工作原动力是真正的热爱 064
努力就一定能取得好结果吗？ 067
能力是你职场生存的底气 069
躺平不能真正对抗内卷 072
你有职场拖延症吗？ 075
职场人的核心思维——"老板思维" 078
和上司处理好关系的逻辑 081
管理自己，影响他人 083
唯有变化才是永恒不变的 086

第五章 | 协作与沟通的底层逻辑

团队的底层逻辑：共赢＋分工＋协作 090
合作的核心是价值交换 093
沟通的底层逻辑：同频共振 095
沟通的基础是信任 098

高效沟通离不开"编码"和"解码" 101
分歧性沟通：避免陷入争执 103
批评：宽容比惩戒更有效 105
说服的本质是自我说服 108

第六章 | 自我成长的底层逻辑

个人成长需要一套可靠的逻辑 112
看懂人生成长曲线图 114
生命的密码：与熵增对抗 117
站在现在，安排未来 119
坚持的动力来自哪里？ 122
有比较，才有进步 125
成长需要"破旧立新" 127
对舒适圈：跳出 or 扩大？ 129
你的底气源自自我悦纳 131

第七章 | 情绪梳理的底层逻辑

你控制情绪，还是情绪控制你 134
你可以"杀死"焦虑 137
与敏感和谐共处 140
在脑子里装一个"调压阀" 142
真正的自信是勇气 145
幸福＝效用／期望 147

第八章 | 关系跃迁的底层逻辑

经营人脉圈，加快成功进程 150
先让自己变得值钱 153
"利他"是利己的底层逻辑 156

有边界感，是对自己和他人的尊重 159

建立闭环思维，做靠谱的人 161

好感会带来好感 163

爱情的逻辑就是不讲逻辑 166

第九章 ｜ 重建底层逻辑的五条实操法则

法则一：独立思考，避免进入"回音室" 170

法则二：用"思维模型"解读世界 173

法则三：提升自我暗示的积极影响 176

法则四：更迭有偏差的价值观 179

法则五：做好时间管理，提升工作效率 182

第一章
底层逻辑与逻辑的思辨

世间一切事物的运转,都有赖于其背后的基本原则或规律。这个原则或规律,就是事物的底层逻辑。找到它,并能运用它,那么任何环境下你我皆能不焦虑、不偏颇、不迷失,轻松搞定一切。

逻辑是什么，有什么用

逻辑是什么？

简单说，逻辑，就是人类的思维规律。具体说，就是有条理、有根据地分析和推理事物，表达自己观点的思维过程。就像黑格尔在其《逻辑学》中认为的那样：逻辑是一切思考的基础。逻辑思维能力直接决定了一个人观察分析、推理判断、理解概括的能力。

举个简单的例子：两个人在街上偶遇，一个人为了显示自己博学，用充满自信的口气跟对方说："所有动物都会奔跑。"另一个人反驳道："如果所有动物都会奔跑，那么鲨鱼也会奔跑。"常识告诉我们，鲨鱼不会奔跑，显然第一个人说错了，这便是最简单的逻辑推理。

不要觉得这样的争辩毫无意义。"你这么大个人，怎么和孩子一般见识？""我带着孩子呢，你把下铺让给我怎么了？""你年纪轻轻的，不知道给我这个老人家让座吗？""这杯酒不喝不是兄弟！""你同学都结婚了，你怎么还不结婚？"

这些"神逻辑"是不是很眼熟、很耳熟？在现实生活中，不讲逻辑的人随处可见，如果我们能掌握好逻辑，明晰里面的辩证关系，面对无理要求的时候，即使不怼回去，也可以巧妙运用，保护自己免受道德绑架的伤害。

其实，我们生活的方方面面都离不开逻辑。用我国逻辑学家、哲学家金岳霖的话来说，就是：没有逻辑，我们的生活将十分沉重，以致几乎是不可能的。

只有经过逻辑思维，我们才能实现对具体对象本质规律的把握，进而认识客观世界。如果只是一味地输入很多知识，没有通过逻辑这个强大的思维工具去消化，那么我们就无法有效利用知识去思考、表达和解决问题。

如果细细想来，我们就会发现，生活的本质恰恰就是解决一个又一个问题，尤其对复杂问题，我们需要像剥洋葱一样，把问题一层层细化拆分，拆成最小的"单位问题"，然后逐个击破，最终解决整个问题。而这背后依靠的就是逻辑！

晋文公非常喜欢吃烤肉，一位擅长烤肉的厨师因此获得了优待。这引起了另一位厨师的嫉妒，他心想自己的技术并不比对方差，只不过没有得到展示的机会罢了，于是他决定改变现状。他偷偷在已经烤好即将呈给晋文公享用的烤肉上放了一根头发，希望以此来激怒晋文公，治罪于那个好运的厨师，然后自己乘虚而入。

果然，晋文公看到烤肉上的头发后勃然大怒，怒斥烤肉厨师，并想立即治他的不敬之罪。

没想到烤肉厨师不但没有高声喊冤，反而磕了个头慢条斯理地说："公若治鄙人之罪，请将三条大罪一并惩治。"

晋文公觉得奇怪，便问他为什么自称有三条大罪。

"第一，我把刀磨得飞快，却没能切断这根头发；第二，我把肉丁一个个串到签子上，却没有发现有根头发；第三，我把炉火生得非常旺，肉都烤熟了，却没能烧掉这根头发。"

听完厨师这番话，晋文公恍然大悟。一番调查之后，那个心怀嫉妒的厨师被定罪行刑。

故事中，烤肉厨师一眼看穿事情本质的能力，正是逻辑思维能力。他表面上给自己定了三条罪状，其实却是向晋文公说明情况，以洗清自己的冤屈。

其实，生活中的绝大多数问题都可以用逻辑思维加以思考和解决，逻辑的核心就是清晰高效地思考，进而推断出事情的真相。事实上，不管身处什么时代，不管遭遇何种境遇，逻辑思维能力强的人总是能够通过微小的发生而推断一切，前探预判结果，回首看清真相。

底层逻辑的概念及内涵

我们都知道，逻辑是一切思考的基础，但是从思考本身出发，我们还需要一个切入点。

正所谓条条大路通罗马，思考一个问题，通常情况下入口会很多，而每一个入口又往往会开启不同的思维路径，那么哪一条思维路径才是更顺畅的呢？

底层逻辑，就是我们在思考问题时应该优先选择的核心切入点，从这个核心点开始思考，所作出的决定，才是和初心一致，最贴合内心的，也是真实的人性反馈。

如果给它一个系统、准确定义的话，那应该是："底层逻辑是指从事物的底层、本质出发，寻找解决问题路径的思维方法。底层逻辑越坚固，解决问题的效能也就越强。"

《教父》中有一句经典台词：花半秒钟就看透事物本质的人，和花一辈子都看不清本质的人，注定是截然不同的命运。找出事物的底层逻辑，就能预测其走向，也就知道该用何种方式去正确解决问题。可以说，底层逻辑，是解决问题的钥匙。

我们还可以更通俗地将底层逻辑理解为：思维的"出发点"，一种透过现象看本质的能力。

网络时代，信息发达，对一个事件的发生，人们往往有很多考量的角度。比如赚钱的问题，有人最先想到的是通过加班获取，有人是下班后找个兼职，但二者都还是在利用自己的时间赚钱，而且收入有很大的限制。而有些人则考虑如何提升自己的认知，以探寻更多的赚钱渠道和方向。

事实告诉我们，拥有底层逻辑思维的人，解决问题的方式通常是先找到问题的核心点，然后思考自己有什么资源可以匹配，再对自身的能力进行综合评估，最后在这个基础上去采取行动。这是一套科学完整的认知体系。

从另一个角度看，底层逻辑，是自然规律的体现，是各种变化的原理，是社会发展的潜在规律。比如，我们说，男人的声音相对粗，女人的声音相对细；男人体格相对强壮，女人体格相对瘦弱；男人头发短，女人头发长……这些其实都是表象，性别才是本质。再如，房价上涨是表象，通货膨胀是本质；薪资高低是表象，价值高低是本质；股票涨跌是表象，零和游戏是本质；等等。

表象千变万化，却不会影响本质。而本质一旦变了，它就变成了新的事物，所有表象也会随之改变。学会看透事物的底层逻辑，找到问题存在的根本原因，而不被表象所迷惑，顺着本质的原因探求解决问题的方法，才算是找到了解决问题的关键点。如果只看到表象，就会头痛医头，脚痛医脚，疲于应付。

一句话，我们的世界虽然纷繁复杂，但万千"术"后都有一个"道"，它如同一只"看不见的手"在指挥着、主导着一切。这"看不见的手"就是"底层逻辑"。找到它，并学会运用它，你会变得更通透、更厉害、更强大。

底层逻辑是本质的，同时也是相对的

我们说"万事万物皆有本质"，这是底层逻辑的立足之本，但同时，我们也知道，"世间万事万物都是相对的"，底层逻辑当然也不例外。

这两个结论看似矛盾，但其实并不矛盾。经济学中有一个理论叫：成本决定价格。这个理论实际上有一个成立的前提条件，那就是：生产力不变。而现实生活常常会印证一个与之相反的理论：价格决定成本。即当消费者不认可某个商品的价格时，生产者如果想要获得消费者的认可，往往会通过改进技术、提高效率等方法降低成本，最终使成本降低。

比如，你想买个拉力器健身。对这件商品的销售价格，你的心理价位是100元。拉力器销售人员跟你说商品的成本是150元，180元的销售价格很合理。但是在你心中拉力器就值100元，再贵就不买了。厂家只好千方百计降低成本到90块，然后再以100块的价格卖给你。这就是价格决定成本，而不是成本决定价格。

也就是说，"成本决定价格"和"价格决定成本"这两个观点其实都对。前提条件和要素改变了，理论和观点也就会随之发生改变。

真理永远是相对的。《了不起的盖茨比》的作者菲茨杰拉德说："同时持有全然相反的两种观点，还能正常行事，是第一流智慧的标志。""股神"巴菲特的老搭档查理·芒格说："如果我不能比这个世界大多数聪明的人更能反驳这个观点，那我就不配拥有这个观点。"

由此，你要时刻提醒自己，每个理论都是有前提条件的，而不是学习了某个理论，就以为放之四海而皆准，实际上未必。

这也就是为什么我们常说成功是不可复制的。一个人开小吃店赚钱了，他把他的技术、经验，甚至品牌给你，你直接模仿照做，你会跟他一样赚钱吗？不一定。为什么？是他的经验方法错了吗？不是，是因为你们两个条件不一样，很多环境要素也不一样。

我们学习底层逻辑思维，实际上是为了让自己学会思考，而不是只学习理论的结论本身。那些在学习时只注重"干货"的人，很难真正让自己的生活、工作产生改变。所以你会发现，有的人学了很多"创业干货"，依然创业失败；有的人学了很多"婚姻经营干货"，依然以离婚收场；有的人学了很多"减肥干货"，依然没有好身材；有的人学了很多"教育干货"，依然做不好父母……其实并不是这些"干货"本身有问题，而是当事人没有真正理解诸多"干货"的底层逻辑。

由于互联网和智能手机的普及，身处发达世界的我们，往往沉迷于游戏、短视频中不能自拔，生活中处处充斥着碎片化的信息。相应地，我们深度思考的机会越来越少，致使深度思考的能力也逐渐退化。

正如"超级演说家"总冠军刘媛媛在她的课程里所认为的那样：思考能力低下的人，往往喜欢听结论、听故事、听例子，把假设当结果，把概率当必然。结论、故事和例子，这些其实都是建立在底层逻辑基础上的。我们只有掌握一个结论的底层逻辑，才能让自己用这个结论来科学指导自己。就好比现在流行的各种成功学，告诉你的其实都是方法，你直接拿来用，基本上都会遭遇失败。因为这个世界上就没有放之四海而皆准的方法，你只能从中"悟道"，去寻找适合自己的方法，而不要企图从别人那里获得直接好用的方法。

　　掌握底层逻辑，需要的是一个人的思考能力。思考能力低下的人，很难看透事物的本质和底层逻辑。提升自己的思考能力，从而提升自己对这个世界的认知层次，才能让自己真正了解这个世界，让自己变得更客观，更有智慧地生活。这就是真正厉害的人不去学习道理、知识，而是学习底层逻辑的原因。

变的是观点，不变的是逻辑

春暖花开，气温回升，今天气温高至 15 摄氏度，如果这时有人跟你说："今天好热啊！"你认为这句话是事实，还是观点？

这应该是事实吧？因为天气变热是不以人的意志为转移的，这是自然规律啊！

错！这不是事实，是观点。因为不管他觉得是冷是热，都只是他的主观感受。那么什么才是事实呢？今天气温 15 摄氏度，才是事实。

事实一定是有一个内在逻辑的，它可以是事件，可以是信息，但都是可以检验的。而观点则是对某一问题或现象的个人看法或判断。由于个体差异（包括感情、思想、观点、欲望、态度、经历、理解、信仰、价值观等），每个人对某一问题或现象的看法也往往不同，而这些看法或观点是无法通过客观证据来检验的。

研究"事实"与"观点"，对我们的生活意义重大。因为"事实"与"观点"常常相伴出现，一方面，我们经常会拿自己的观点当事实与别人争论。比如，有人说："iPhone 是最好用的手机。"你知道，这是观点，不是事实。于是你试图说服他："你错了，iPhone 太封闭，开放的手机才可能是最好用的手机。"这时，其实你就和他一样了，因为你说的也是观点。只要你们彼此的认知不违反基本事实，又能逻辑自洽，也就是能自圆其说，就永远不会被对方说服。

另外，我们也会经常拿别人的观点当事实而左右自己的行为。想想微信、微博上的各种恶性造谣、2011 年抢盐事件、2023 年囤药事件,都是追随者缺乏独立思考和分不清"观点"和"事实"的体现。

如果我们想从各种无谓的争端中"挣脱"出来,想成功驾驭生活中铺天盖地的信息(新闻、八卦、传闻),就必须使自己具备明辨是非的能力,知道哪些是"观点",哪些是"事实",不要被所谓的"事实"所左右。

正如古罗马哲学家马克·奥勒留·安东尼在《沉思录》中所说的:"我们所听到的不过只是一个观点,而非事实;我们所看到的不过只是一个视角,而非真相。"

变的是观点,不变的是逻辑。找到不同中的相同之处,找到变化背后没变的东西,才是找到了事实,也才是找到了事物变化背后的"底层逻辑"。

普通人找方法，聪明人找逻辑

回想一下，面对一个问题时，你的思维模式是发散式（从一点向四面八方射线），还是收敛式（从四面八方射向一点）？

我想大多数人的答案是发散式的，即从要解决的问题出发寻找各种解决方法。这当然不能说是错误的，事实上，发散式思维因对问题从多角度、多层次进行探索，往往会产生一些独特的新思想、新思路。

然而，若止步于此，而不尝试培养收敛式思维，则难以从根本上解决问题，正如爱默生所说："方法，可能有成千上万种，或许还有更多，而原理则不同，把握原理，你将找到自己的方法。追求方法而忽视原理，你终将陷入困境。"

思维发散过程需要张扬知识和想象力，而收敛思维则需要运用知识和逻辑。这其实是底层逻辑在思考过程中作用的彰显，即在解决问题上始终围绕一个点，一个不变的核心，变的只是方法，只是解决问题的路径。

举个例子，当大家都在依据变化而挖空心思思考如何创业成功的时候，当大家都在担心自己的商业模式会因新技术和新模式的运用而被迅速颠覆的时候，你知道亚马逊的创始人贝佐斯做了什么吗？

他提出了一个灵魂拷问："未来十年，什么是不变的？"

沿着这样的思维方向，他找到了三件很普通、却不会改变的事情：

- 无限选择
- 最低价格
- 快速配送

贝佐斯在确认了这三件不变的事情后，便将亚马逊的主要资源都用在了上面，最终他获得了有目共睹的成功。

可见，只有底层逻辑才是有生命力的，才能在我们面临环境变化时，将其应用到新的变化中，最终催生出适应新环境的方法论。

生活中，我们常常会遇到各种或重要或琐碎的问题，它们占用我们的精力，让我们无所适从。比如，置身于一个快速变化的时代，面对自己的工作，我们会担心：5年、10年之内会不会失业？身处的行业有没有发展前景？其实，这个时候我们应该转换思维，想一想：即使行业在发展、在变化，但其中哪些东西是不变的，是不可替代的，新的工作机会又将从哪里产生。

客观地说，社会的宏观变化与个体的实际成长并没有太大的关系，社会经济形势是好还是差，多半不会对个体的工作产生重要的影响。有的人抱怨：现在实体店生意太难做了，都是因为无处不在的互联网。其实，生意从来就没有好做与不好做之分。不是生意不好做，而是你的生意不好做。当你的生意不能适应社会的变化，不能适应市场的需求，自然就难做了。

产品可以被市场淘汰，人也一样，一个为了变化而变化、随波逐流的人，注定难有大的作为。只有在变化中思考不变，抓住事物最本质的东西，才能在变化中提升自己的认知、技能、情商，才能真正解决面临的困境。

有的人为了变化而变化，一年换几次工作，跨几个行业，做什么都是蜻蜓点水，不懂深入，不愿深入，变来变去，把自己弄得眼花缭乱，最终路该怎么走，方向在哪里，都搞不清了，因为整个人心都散了，收不回来了。有的人几年深耕一份工作，伴随着行业的变化、市场的变化、工作内容的变化，整个人也获得了成长。

事情往往是，有的人十年干了十个行业、三十份工作，一直在寻找新工作的路上，而有的人已成为职业经理人，甚至老板。确实，人总是要变化的，但变化也应是在底层逻辑基础上作为执行路径而优化，而不是单纯为了适应。

第二章
底层逻辑是最清醒的思考方式

改变你的思维定式，优化你的思考方式，提升你的逻辑深度，你就拥有了通过纷繁复杂的现象，看清事物根本属性，看透问题根源，看懂现象背后底层逻辑的能力。

为什么你被骗，还不愿意相信真相？

还记得"飞人"博尔特吗？他被誉为"世界短跑第一人"，带着无限荣光退役。然而这位昔日巨星却在2023年1月23日以"飞人博尔特遭诈骗损失千万美元"的话题再次回归微博热搜。据《西班牙世界报》报道，博尔特的账户余额从1270万美元变为1.2万美元。

其实，这类诈骗案件我们已经屡见不鲜：2016年7月，54岁的清华大学教授遭电信诈骗，1760万元资金被骗走。2021年4月，大学生吴某为了"将自己在所有贷款平台的额度清零"，根据对方提示，将好不容易筹到的资金转到对方给出的"安全账户"里，等反应过来时，已经被骗99万元。被逼跳楼自杀的博士后、被套走900亿元资金自杀身亡的上市公司老总、遭遇"杀猪盘"被骗40万元自焚的女孩……

如果将这些诈骗案例一一列举，怕是这一本书都写不完。每当此类消息一出，总会有人同情、不解，也有人嘲讽："活该被骗，这么简单的骗局！""这种骗局骗不倒我！"

其实，嘲笑受害者单纯好骗的人，不见得比那些受骗者更聪明。如果你知道了骗子的手法，你会发现，骗子才是厉害的逻辑学、心理学、人性学、营销学大师。当然，我们不是在倡导这种价值观，只是在提醒有必要了解骗子骗人的底层逻辑。

你知道骗子最喜欢骗什么样的人吗？一类是非常自负的人。因为自负，往往会高估自己的能力，所以容易进圈套；因为自负，容易钻牛角尖，很难听进别人的劝阻。这类人一旦被骗往往损失惨重。另一类是非常感性的人。感性的人做事容易冲动，且听不进去他人的意见。一旦认准了某事，一意孤行，轻易不会改变。

这两类人为人做事有一个共同点，那就是感性大过理性，关键时刻，将逻辑抛于脑后。

我们常说，人是理性的动物，人之所以比一般动物更高级，就是因为会思考。但在实际生活中，很多时候我们又是不理智的，常常做出很多非理性的行为。比如，在电信诈骗中，骗子往往会冒充公安机关、法院、检察院的工作人员，冒充各级政府部门、公司（企业）的工作人员，一旦我们屈从于权威效应，失去理性思考能力，就会被骗子牵着鼻子走，最后被骗走了钱财还把对方当作好人。

贪婪，早已不是诈骗者的唯一诱饵。"身经百战"的骗子总是可以精准拿捏人性的弱点，策划出层出不穷的骗局，步步诱人入"坑"。但是，如果可以深挖并掌握他们的"底层逻辑"，你马上就会想到：谁会愚蠢地把赚钱的方法和信息随便告诉你，而不自己闷声发大财？如果真的是机密，能挂在网络上吗？事实上，公安机关发布的"反诈灵魂8问"，其实就是在帮助我们建立这种逻辑思维，提高反诈能力。所以，我们要做到：

（1）刷单前问问自己，动动手指就能赚钱的好事为啥能轮到我？

（2）网恋前问问自己，人靓声甜的小姐姐，温柔帅气又多金的小哥哥，为啥还需要网恋？

（3）收到逮捕令时问问自己，抓人还要提前通知？警察是不是觉得自己太闲，怕坏人跑路跑得不够快？

（4）裸聊前问问自己，自己值得美女"坦诚相见"吗？

（5）网贷前问问自己，无抵押还免息，对方为啥不直接送钱？

（6）点陌生链接前问问自己，查信息为啥还要下载一堆东西？

（7）理财前问问自己，战无不胜的投资大师为什么要苦口婆心帮助非亲非故的你？

（8）给领导转账前问问自己，用自己微信公然收受巨额资金，领导是不是嫌自己官儿干久了？

其实，很多欺骗和谎言，在逻辑面前都漏洞百出，只是我们没有拿起逻辑的武器。正所谓"只有用魔法才能打败魔法"，在处理事情时，我们必须具备一种建立在证据和逻辑推理基础上的思维方式，才能在骗局无孔不入的时代，防范上当受骗。

共享事物的底层逻辑

我们学习底层逻辑，寻找万变中的不变，为的是掌握了它之后，拥有举一反三、融会贯通的本领，让它成为解决万事万物的通用方法，这是我们学习底层逻辑的真正意义。

在这个过程中，涉及一种"移植"思维的能力，就是需要先找到经过抽象与当前问题"表面不同本质相似"的问题，通过借用这个问题的解决方法，来解决当前问题的思维方式。

这个思维转变不难理解，阿基米德原理的发现过程，可以说就是移植思维的成果。

在古希腊，有一位国王得到王位后，决定做一顶金制的王冠献给神灵，以感谢神灵的庇佑。他称给金匠做王冠所需要的金子并付了酬金。金冠做好了，重量与当初交给金匠的金子一样重。然而，却有人告密，说金匠偷了做金冠的一部分金子而往王冠里掺进去同等重量的银子。国王为有人欺骗他而他又无法揭露这种欺骗而感到生气。

现在，我们有很多方法可以对金冠是否掺假进行验证，但在当时却是一个难题。最后国王请来智者阿基米德，让他帮助解决这个超级大难题。阿基米德为了解决这个问题茶不思饭不想。他尝试了很多想法，但都失败了。一次，他沉思着走进浴室，当坐进澡盆后，看到澡盆里的水往外溢，同时感觉身体被轻轻托起时，脑中灵光一现：自己进入澡盆的身体体积与澡盆中溢出去的水的体积应是一样的。金子的比重比银子的比重大，掺了银子的王冠一定比同等重量的纯金冠体积大,而在装满水的容器中,体积大的王冠溢出来的水必定多些……

就这样,阿基米德帮助国王解决了这个超级大难题。之后,阿基米德对物体的漂浮规则进行了细心的研究,最终总结出"阿基米德定律"。

这里,阿基米德运用的思维其实就是移植思维。他先是意识到,自己浸在澡盆中的身体体积与澡盆溢出来的水的体积一样,进而联想到可能掺了假的王冠的体积也一样等于从容器中所排出的水的体积。

阿基米德的这种思维过程,实际上正是移植思维运用的过程,概括一下可分为3个步骤:

第一步,将底层逻辑的本质抽象出来;

第二步,与眼前的问题进行类比;

第三步,将底层逻辑的解决方案迁移运用到要解决的问题上。

世上很多事物的本质其实都是相通的,所以可以做到一通百通。在如今这样一个信息大爆炸的时代,我们没有时间,也没有必要去把每一件事、每一个现象都研究透彻,我们可以跨行业、跨学科地进行思维"移植"。这也是科学技术和社会生活创新中最简便、最高效的一种方法。正如英国科学家贝弗里奇所说:"移植思维是科学发展中的一种重要方法。大多数的科学发现都可应用于所在领域以外的范畴里,而应用于新领域时,往往能促成进一步的发现。很多重大的科学成果来自移植。"

蜂窝是一种费料少但强度大的结构,将这一结构移植到飞机制造上,便可以有效减轻飞机的重量,又可以提高其强度;将这一结构移植到房屋建筑上,可制造蜂窝砖,减轻墙体重量的同时,又做到了隔音和保温。

在生活与工作中,我们经常会遇到一些难题,正着想、反着想,都没有思路的时候，不妨运用移植思维，借鉴其他方面类似的成功经验、做法。当你将其底层逻辑的解决方案迁移运用到要解决的问题上时，结果可能会让你大吃一惊。

当然，移植思维不是与生俱来的，但它可以通过培养和训练获得。要想具备移植思维的能力，需要具有渊博的知识，要熟悉某个或多个学科的原理，能从一些成功的移植思维的案例中，悟出移植思维的真谛。

"有道理"不代表你做得对

我们之中的任何人,都难免会有和别人产生分歧或矛盾的时候。假如你追星,你一定经历过为了"爱豆"的播放量、带货量、艺人新媒体指数等一系列数据榜单而进行所谓的"荣誉之战"。当然,即使不"粉"谁,我们也没少当"吃瓜群众"。事情往往是一个明星的粉丝在网络上发表了对其他明星的"不当"言论,后者的粉丝发现之后纷纷予以反击,随后事态扩大,演变为集体骂战,最终以明星团队出声明甚至发律师函而告终。

比如婆媳之间,哪怕是为了买什么样的床,也能争执不下。妻子要买当下最时兴的席梦思,而婆婆则一再说她儿子从小睡惯了硬板床,还说连书上都说睡软床对身体不好。最后妻子坚持买了席梦思,而婆婆会因为媳妇不尊重她的意见而生气。

这时,作为丈夫的你看看这个,瞧瞧那个,觉得都有道理,那到底是谁错了呢?

其实多数情况下,我们仅仅是在表层无休止地争论孰是孰非,如果深挖是非对错的"底层逻辑",就会发现,很多时候,所谓是非,只不过是立场不同而已。

那么立场是什么呢?百度百科给出的定义是:认识和处理问题时所处的地位和抱有的态度。说得浅白一些,就是站队与选择问题。深层次说,立场其实是一种主观意识的存在。不管是自觉的立场,还是不自觉的立场,人总是有一定立场的。而实际上,我们应该有立场,也有权有自己的立场。"聪明"人的做法是有自己的立场,但尽量理解并融合他人的立场。

再回头看前面的例子，在饭圈"你死我活"的零和博弈下，粉丝长期处于高度密集且单一的信息环境中，在"信息茧房"的作用下，饭圈冲突难免陷入"公说公有理，婆说婆有理"的状态。若摆脱"饭圈思维"来审视问题，就会意识到：爱的表达方式从来不止一种，粉丝也不应背负决定"爱豆"星途的责任。换句话说，你的追星体验，完全可以由自己做主。

同样，婆媳年龄相差几十岁，她们对于生活的目标、思考问题的方式和观念有着不同的设定和理解，又都不可避免地站在自己的立场思考问题，这就使得冲突在所难免。学会换位思考，将心比心，去理解别人的想法和感受，从对方的立场来看事情，双方才可能建立真正的理解。当然，做到这一点很不容易，但是应该的。

所以，我们不要随意去指责他人，因为很多时候，即使我们了解事情的真相，也不一定了解他人的立场，你所谓的"有道理"并不代表你的看法是对的，也不代表你的行为是对的。

只站在自己的立场想问题，很容易自私、片面、狭隘，如果跳出来以旁观者的视角审视问题，再进一步换位思考，就会豁然发现，事情有了变化，问题不再是之前的问题了，对方的观点也不再"面目可憎"，而变得似乎可以接受。

在 how 之前，先找到 why

既然底层逻辑讲的是探究事物的本质，那么对于大多数普通人来说，自然是很难一下子就可以探索到。它需要一种洞察力，洞察事物背后因果关系的一种能力。

因果关系，实际上是人类命运的"铁律"。凡事皆有因才有果，每一个结果的产生都有一个或者多个特定的原因。换句话说，当你看到任何现象的时候，你不用觉得不可理解或者奇怪，因为任何事情的发生背后都必有其原因。这个结论对现实的指导意义就是：凡事多问几个为什么，努力洞察表象背后的原因，找到事物的底层逻辑，进而找到解决问题的突破口。

其实这种技能可以说是我们与生俱来的。孩童时，我们对一切事物都十分好奇，想要去了解。"天空为什么是蓝色的？""小鸟为什么会飞？""小狗为什么不会说话？""感冒为什么会流鼻涕？"等，这标志着孩子们正在探索世界，小脑袋正在开动，这是人类好奇心和思考行为的开始。

然而，不知道从什么时候开始，我们在面对 What（现状）时，第一直觉不再是 Why（为什么），而是 How（怎么办）。我们总是想先有所行动改变现状，再去想背后的原因。而结果呢，往往劳而无功，甚至还会使问题越来越复杂。而当我们开始尝试，在一个问题上不断去拷问为什么，并回答这些"为什么"时，而且最终让我们探寻到了事物的本质，这时再去解决问题，大部分问题是可以被轻松解决的。

比如一个人想要一把锤子（What），通常的逻辑是东奔西跑去借锤子、买锤子（How）。而按照底层逻辑思维则是要问问要锤子的原因（Why），得知是往墙上砸一根钉子用来挂照片后，解决问题的途径就变宽了，可以用锤子往墙上砸钉子，也可以用无痕钉，还可以用不粘墙皮的强力胶，而不必再费尽心思到处找寻锤子。

只有搞懂 Why，才能有效指导 How。查理·芒格说："你要变得聪明，需要不断地问：为什么？为什么？为什么？你必须将答案联结到更深刻的理论。这样做虽然有难度，但是会有很多乐趣。"苏格拉底也说："所谓思考过程，不过是提问和回答罢了。"询问自己一个又一个"为什么"，会让自己更好地思考问题。

通过思考这些开放性问题，可以一步步缩小范围，定位到"关键信息"。或者说，在反复提问与回答中，不断地收敛问题。虽然很多时候追问出来的原因并不一定是事物的本质，但是，它会一步步接近事物的本质，直至找到问题的根源，有效解决问题。

这里我们可以借鉴西蒙·斯涅克的"黄金思维圈理论"。这个理论的核心，是对任何事情从内而外进行提问，而不是剥洋葱式的从外而内。即用 What（做什么，是事物的表象和成果）→ How（怎么做，代表做事的方法和措施）→ Why（为什么做，是指做事的目的和理念）的特定结构去剖析问题。

举个例子，如果看过乔布斯开 iPhone 发布会，你会发现，他不会一上来就告诉你这款产品为什么"长成这样"，而是先阐述创新理念：为什么要做这件事；为做这件事我付出了哪些，最后才是它为什么长成这样，你为什么要体验；等等。实际上乔布斯就是从消费者角度用"黄金圈思维"去梳理产品对对方来说的好处和意义，这比单方面强调这件事情应该怎么去做，有意义得多，也有效得多。

其实，我们之所以一再强调底层逻辑的思维应用，并非为了诠释这个思维本身，而是希望你可以从中受到一些启发，培养出这样一种思维方式——不断把思考推向源头，推向更本质的思维方式。

构建"金字塔思维结构"

人类的大脑是最神秘也是最神奇的器官。比如我们仰望天空时，会不自觉地将云朵拼出各种图案，而不是将它们单纯地看成杂乱无章的一朵朵白云。这就说明人类大脑天生具有对事物进行归类组织的特征。基本上，大脑会将其认为具有共性的事物组织在一起，会把抽象的东西组织成具象的图形，会自动将零散的信息，按照逻辑归纳在一起。

大脑的这种将有"共性"的事物组织在一起的能力，对于我们找到事物的底层逻辑无疑具有很大的帮助。

举个例子，周日上午，你准备去万达广场买剃须刀。你对妻子说："我想去买个剃须刀，你要带什么东西吗？"妻子在你穿外套时说："太好了，我正好想吃葡萄，你可以买一些回来。再买几盒牛奶。"你开始穿鞋，妻子则打开了冰箱，然后说道："我看看蔬菜还用不用买些。对了，我想起来了，没有鸡蛋了。我看看，嗯，再买一些西红柿吧。"你打开房门，妻子又说道："还要再买些土豆，也可以买些橘子。"你走出门，妻子又说："再买几个咸鸭蛋吧！"你按电梯时，"苹果也买几斤吧。"你走进电梯，妻子从门后探出头："再买几盒酸奶。"你最后问道："还有吗？""暂时就这些吧，我想到了再打电话给你。"

妻子让你买的这些东西，你会买回来几样？如果不重新看一遍上面的对话，也许有人连几样东西都没有数清楚吧？

现在，你试着在脑海中整理出一个采购清单：葡萄、牛奶、鸡蛋、西红柿、土豆、橘子、咸鸭蛋、苹果、酸奶。这很难记忆。乔治·A.米勒在他的论文《神奇的数字7±2》中说过：人的大脑短期无法一次记忆7个以上的项目，比较容易记住的是3个及以下的项目。这样的话，试着把它们分为3组吧？第一组是蛋奶产品：牛奶、酸奶、鸡蛋、咸鸭蛋；第二组是水果：葡萄、橘子、苹果；第三组是蔬菜：西红柿、土豆。是不是就可以记住这9样东西了？

这个思维转换过程，可以看作构建一个逻辑清晰的金字塔结构的过程，同时把这样的思维方式称为"金字塔结构思维"。

金字塔结构思维，顾名思义，就是思维的结构形同埃及金字塔结构——把结论看成塔尖，把论据看成塔尖之下的每个层级（论点下每条论据最好不超过7条）。这个理念是由美国麦肯锡咨询公司第一位女性咨询顾问芭芭拉·明托在工作中总结出来的。这种分组和概括的方法适用于绝大多数的思维过程。将大脑中的信息组成一个由相互关联的金字塔组成的巨大的金字塔群，可以帮助我们很快厘清思路和逻辑顺序，然后有效地解决问题。

事实上，为什么别人总能顺利通过面试、顺利升职加薪……这背后靠的不仅是专业能力，还有更重要的语言表达及解决问题的逻辑思维能力。

在解决具体问题的过程中，构建"金字塔思维模式"通常有两种方式，分别是自上而下作分类和自下而上作概括。

自上而下法，即结论先行，具体步骤为：

（1）提出主题思想。

（2）确定主题涉及的主要问题。

（3）列出这些问题主要的解答内容。

（4）说明这些问题涉及的情境以及发生的冲突。

（5）仔细检查主要问题与解答办法。

自下而上法，则是总结概括，步骤如下：

（1）列出想要表达的所有思想要点。

（2）找出各个要点之间的逻辑关系。

（3）得出最终的结论。

不管采用哪种方法，我们都可以一层层构建起坚实的"思维金字塔"结构，进而有效地解决问题。

借助类比思维，厘清逻辑关系

当我们遇到一个新问题时，如果时间允许，可以不用立刻去想解决方案，而是可以先想想哪些事物与这个问题的"底层逻辑"是一致的。如果能作出准确的简单类比，打出一个精妙的比方，就大概率厘清了它们的底层逻辑关系，也就大概率找到了解决问题的突破口了。

实际上这就是运用类比思维的过程。类比思维，即根据两个具有相同或相似特征的事物间的对比，从某一事物的某些已知特征去推测另一事物的相应特征的思维活动。简单来说，就是通过甲具有的某种性质推断出与之类似的乙也具有该种性质。它是一种既便于运用，也利于创造性思考的思维方法。

19世纪20年代，英国要在泰晤士河下修建一条地下隧道。如果采用传统的"支护开掘法"，会遇到不少困难，因为那个地段土质疏松，且岩层极易渗水，存在塌方的风险。那该如何处理呢？负责这一工程的布鲁内尔为此大伤脑筋。

就在他苦思冥想、不知所措时，无意间看见一只小虫正在用尽全力往坚硬的橡树皮里钻。布鲁内尔发现：原来小虫子是在橡树皮硬壳的保护下"工作"的。布鲁内尔想：河下隧道的施工可不可以采取相类似的办法呢？

后来，布鲁内尔效仿小虫的掘进技术：先把一个空心钢柱打进岩层，然后在这个保护罩下进行工作，取得了非常理想的效果。"盾构施工法"由此诞生。

这里布鲁内尔运用的就是"类比思维"技巧。"盾构"代表了"支护"。整体来说，启发原型的形象或其一部分，进入了思考者的脑海，它与思考对象之间的相似之处跳入思考者的思绪之间，打开了其百思不得其解的思路，使思考者进入柳暗花明的境地。

事实证明，这是一种非常高效的解决问题的方法。实际上，各行各业都是在运用类比思维来洞察事物本质，进而有效解决问题的。德国天文学家开普勒甚至把类比思维比喻为自己"最好的老师"。哲学家康德也说："每当缺乏可靠论证的思路时，类比这个方法往往能指引我们前进。"

这个方法可以启发人的联想。有一位酿酒厂的经理在游玩途中，看到山坡果树上长满红红的沙棘果，摘下几颗尝了尝，发现这种果实含有淀粉、酸里带甜，由此联想到酿酒的原料也具有这些性质，进而推想到可以用沙棘果作原料酿酒。

这个思维方法可以激发出人的创造性。在自然科学中广泛应用的一种模拟方法，其思维过程就是类比推理的具体运用。所谓模拟方法，就是用模型去代替原型，通过模型间接地研究原型的规律。例如，为了研究新型飞机的性能，可以在实验室内构造一个小的模型先作模拟实验，在获得充分的科学数据后，便可设计制造"真的"新型飞机。20世纪60年代初正式命名的仿生学，就是利用模拟方法的体现。科学家们经过对某些生物的结构和功能的系统研究，发明出模拟它们的某种结构和功能的精密仪器。例如，根据蛙眼的结构和功能，模拟制造出了"电子蛙眼"；根据人脑的结构和功能，模拟制造出了"电脑"和"机器人"等，这些都运用了类比思维。

类比思维还可以提升表达的效果。类比思维不仅是人们认识事物对象的重要工具，也是人们表达思想、进行说明的良好方法。人们在表达思想或议论的过程中，为了解释某种事实或原理，往往找出另一种与之相似的并且已经得到认可的事实或原理，通过类比使某种事实或原理得到解释。数学家华罗庚就是类比思维的高手，他讲统筹方法时，没有说一堆数学符号，而是用了一个"怎样泡茶最省时间"的例子，让人一听就明白了。

在运用类比思维，厘清事物的逻辑关系时，要全面深入认识事物对象间的关系，分清哪些是必然联系，哪些是偶然联系，避免犯"机械类比"的逻辑错误。

横向思考，打破逻辑局限

一般来说，我们习惯对事物进行纵向思考，这符合事物发展方向和人类认知习惯，它遵循由低到高、由浅到深、自始至终的顺序，更合乎逻辑的线性特征。

但是有时候，我们恰恰需要打破这种逻辑认知，才可能"挖"到事物的本质。这就是我们所说的横向思维，即突破思考问题的惯性认知，从其他领域的事物、事实中得到启示而产生新构想的思维方式。这种思维方式由于改变了解决问题的一般思路，试图从其他方面、方向入手，其思维广度大大拓展，有利于创新性解决问题，在日常生活中常起着重要的作用。

通常，横向思维有如下几种方法：

第一种方法是摆脱传统思维的羁绊。因为横向思维讲究的是思维的断裂，这与逻辑思维的线性要求正好相反，也就是说要从原先思考的事物中脱离出来，不被惯用的逻辑形式羁绊住。例如，刑侦人员破案，如果遵循惯用逻辑思考问题，必然要从事物本身，也就是从受害人的朋友亲戚中开始查找线索，而横向思维却要从关注的事物上移开，转移到其他相关的事物上来。也就是说不从受害人身上思考，而是"跳"到作案者身上。这个时候，思考者就要努力寻找满足一些条件的全部可能性，然后逐一筛选和排除，直到找到比较靠谱的破案线索。

第二种方法是从终点返回到起点。即先设定抵达终点的目标，然后返回。这种方法容易发现从未走过的新路。比如：一个男孩向

第二章 》 底层逻辑是最清醒的思考方式

父亲求教："为什么我连一条鱼也钓不到，我的钓鱼方法不对吗？"父亲告诉他："不是你钓鱼的方法不对，而是你的想法不对，你想钓到鱼，就要学着像鱼那样思考，而不应像渔夫那样思考。"孩子似懂非懂，却开始尝试推理：鱼是一种冷血动物，对水温敏感，更喜欢待在温度较高的水域。一般水温高的地方阳光照射比较强烈，但是鱼没有眼睑，阳光强烈的话容易灼伤它们的眼睛，所以它们通常喜欢待在阴凉的浅水处。浅水处水温较深水处高，而且食物也很丰富，不过处于浅水处要有充分的屏障，比如茂密的水草，这是动物与生俱来的安全意识……男孩发现，当他对鱼了解得越多，也就越来越会钓鱼了！这种思考方式就是在进行逆向思考，从鱼入手，而不是在钓法上下功夫。

第三种方法是将事物立体化。即对事物进行多角度审视，不急于判断它是什么，而是思考它可能是什么。这种方法是以寻找更多、更优的创意为宗旨，它正好与传统逻辑思维相对立，传统逻辑思维是发现有不符合逻辑的就停止思考，而横向思维则是继续延伸，试图从另一个方向甚至多个方向去拓展，以找到更多、更好的方案。这种多点式、立体式的思考方法，在横向思维中也叫"前进式思考"。

第四种方法是偶然触发法。即通过随机诞生的概念及事物、词汇来触发新的思路。我们都知道，偶然具有不可预料性和突发性。这就是我们在面对突发性事件时，常常会手足无措的原因。但它对于横向思维来说，却是一个好东西。我们要关注偶然性，重视偶然性，并学会利用偶然性，将它拿来作为新思考的触发点。因为偶然之中肯定藏着必然，而这个必然也许就是我们要寻找的目标。

当然，我们还可以将新诞生的各种新想法、新观点，与终点目标进行创意交叉，以寻找更多、更有效的答案。

从哲学的角度看，世间万事万物都是有联系的，一些表面看似不相干的事物，却可能有着极为密切的联系。所以，要重视横向思维，注重发挥它的作用，在事物间建立起联系，帮助我们找到事物的底层逻辑，进而有效解决问题。

第二章 》 底层逻辑是最清醒的思考方式

见树木，亦要见森林

"关键、关键、关键，重要的事情说三遍！"

"只要你能抓住关键，就能事半功倍。"

"找规律，然后按照规律优化你的工作。"

"聚焦在主要矛盾上，不要盯着细枝末节。"

……

生活中，无数的人都在向我们强调底层逻辑的重要性，但如何找到事物的底层逻辑，却很少有人能说清楚。

很多时候，我们自以为抓住了事物的关键，找到了问题的底层逻辑，但实际上却是如"盲人摸象"般，只凭片面的了解或局部的经验而作出的猜测和推断。只了解事物的局部，从不同的角度，看到不同的东西，得出的结论也多半是片面的结果。只有弄清楚事情的整体，才能对把握全局起到关键性的作用。

这好比我们在登山时看到不同角度的风景，却无法看到整体风貌一样，只因为我们身在"本体"之中。如果有无人机在高空中航拍，就可以看到山脉的全貌和走势。事实上，能抓住事物本质的人，无一不具备一个很好的大局观，他们清楚项目的整个流程，能够从全流程的角度思考问题，并设计出事关全局的最优解决方案。

现实生活中，我们经常看到，才修好的马路，因要铺设下水管道，只好又重新挖开，使新路面出现不应有的"伤疤"，可是不久又因要埋电缆、铺煤气管道……一次又一次地挖了填，填了挖，好端端的路面被弄得凹凸不平。这种劳民伤财的做法，一个重要的原因就是下达命令的人缺乏"通盘谋划"的思维意识和"系统思考"的能力。

"格式塔理论"认为：部分相加不等于整体，整体要大于部分之和。例如，手与手指的关系，音符与旋律的关系，氢气、氧气与水的关系，都诠释了这个理论。这一理论告诉我们，认识事物时，要尽量从事情的整体去考察，要学会系统化思考，才可能避免因"只见树木，不见森林"片面性思考问题带来的错误。

当然，事物的整体并不总是会自动显现在我们眼前，有时需要我们做一些搜集和推理工作，才能把单一的事项串联成一个整体。

比如你是一名管理者，在拟定一项计划的时候，可以先想想：什么是非做不可的？需要多少人手？多少器材？多少预算？怎样和上级部门交涉，以获得足够的预算？人手如果不够，是否需要增加编外人员？在推行计划时会遇到什么问题？该如何处理？等等。把每一个环节列为工作的"分支"，掌握了这些"分支"，就相当于掌握了全盘。按照这种方法去做，整个工作计划就比较容易完成。

但是，光有大局观念还不够，还要深谋远虑，不为局部、一时一地的变化所迷惑，只有这样才能够及时作出正确的决策。当前，很多企业被社会无情淘汰，一个很重要的原因就是决策者缺乏思考未来的长远意识，只看到眼前的状况，而没有考虑企业的长远发展，没有用进步的眼光、全球的眼光和时代的眼光分析和思考问题，从而错失了一个又一个发展良机。

实际上，长远利益与眼前利益是紧密联系的，我们可以经由眼前利益的获取促进长远利益的实现，但是，当二者有了冲突、产生矛盾时，要毅然舍弃眼前利益，避免出现为眼前利益而损害长远利益的短视行为。

大局观念和远见思维，对找寻事物的底层逻辑极为重要。如果能成功做到前者，那么后者的找寻也不再遥不可及。

掌握底层逻辑，做复杂世界的明白人

我们先来思考这样一个问题：如果你的公司收到客户的投诉，说他从你们公司买的肥皂，盒里面是空的，你要如何解决这个问题？

日本一家大型化妆品公司的做法是：千方百计发明出X光监视器，然后用X光监视器对每一个出仓的产品进行"透视检测"。而另一家遭遇同样问题的乡镇级小企业，他们的解决方法是：用几台强力工业用电扇对出仓的产品直吹，被吹走的便是里面没有肥皂的空盒。

事实证明，乡镇小企业的做法很有效，而且简便易行。诸多的事实告诉我们，很多问题的解决是可以化繁为简的，这是高效工作的一个重要原则，也是解决难题的底层逻辑思维。

不要认为只有焦头烂额、忙忙碌碌地工作才可以取得成功。事实上，在我们做过的事情中，有相当一部分是毫无意义的，真正有效、有价值的活动只占其中的一小部分，而这一小部分又常常隐含于繁杂的事物中。找到关键的部分，去掉多余的活动，把复杂的事情简单化，就会发现很多事情其实很简单，成功也并不遥远。

一家百货商场，虽地处闹市中心，但总是店外热热闹闹，店内冷冷清清，许多人都是从店门前的大街上匆匆而过，很少有人进店驻足。没有顾客，商场生意惨淡。经理对此一筹莫展。一次，经理的朋友偶然路过，来到商场，听经理叹息着说了商场的情况后，朋友沉思了一会儿，笑着对经理说："要让过往行人到你店里来并不难，用一面镜子就能解决。"

经理半信半疑，但还是按照朋友的吩咐，在临街的墙上装上一面大镜子。镜子的上方，贴了一行大字：朋友，请注意您的仪容！镜子的下方贴了一行字：店内备有免费的木梳。

当许多人又从商场前经过时，发现了镜子和上面的字，然后不由自主地走到镜子前照一照，随后就踅进了商场梳理头发。如果需要打鞋油，商场内备有免费使用的鞋刷。就这样，商场内的人一下子拥挤起来，有买鞋油就地擦鞋的，有买发胶就地梳理头发的，有买口红对着店里的镜子涂抹的，商场的生意一下子火爆了起来。

可不要小看这"一面镜子"，它解决了一个大问题。真的是，看似复杂的世界其实充满简单的逻辑。事实上，我们将一个问题化繁为简的过程，就是放弃不必要或者不太重要的环节或程序，而把重要的事情进行有序化的过程。只有这样，我们才不至于在纷繁复杂的活动中，被动忙乱，办事效率也会由此得到很大的提高。

具体实施起来，我们可以参考美国威斯门豪斯电器公司董事长唐纳德·C.伯纳姆在《时间管理》一书中提出的提高效率的做法：在做一件事情时，先问自己三个"能不能"：

（1）能不能取消它？

（2）能不能把它与别的事情合并起来做？

（3）能不能用更简便的方法来处理它？

在处理事情时，如果有了这三个原则的指导，往往就能砍掉与本质无关的东西，抓住根本，用简略的方式对问题进行表述和解决。事实证明，我们越能简洁地执行我们的计划，就越能有效地实现我们的目标。

总之，面对纷繁复杂、变化万千的表象，要先动脑，想想事情的底层逻辑，看能不能去伪存真、删繁就简，用简单有效的方法去应对和处理，而不是急急忙忙动手。如能成功做到，那就能够在这个复杂的世界中做一个明白人。

第三章
学习与认知的底层逻辑

知识的真正价值是提高我们洞察真相的能力,而不是只记住资料。边学习边思考,把知识提升到认知层次,拓宽我们的视野,提高我们的探究力,消除固有偏见,通晓世间大道。

学习是一辈子的事，不学行不行

提到学习，大概很多人觉得很陌生了。你还记得自己是从什么时候开始停止学习的吗？是不是离开了每天需要上课做作业的校园，你就认为学习已经结束，你的生活从此与学习无关了呢？

如果是这样，那么，你现在所做的，就不算是真正地为生活打拼，而只是为了生存。因为判断一个人对生活、对工作、对感情的态度是否负责，一个重要的地方就看他有没有在学习。

在这个世界上，车子、房子，我们的容貌，都会随着时光的流逝而不断"折旧"，我们赖以谋生的知识、技能也不例外。如果你不愿意继续学习，你的知识就会僵化，缺乏活力，终有一天你会被社会所淘汰。

比尔·盖茨说："你可以离开学校，但你不可以离开学习。"尽管现在停止学习的人不在少数，但想走得更高、更好，学习就是刚需，是出厂设置，是武器，是你立足社会的底层逻辑。如果谁能始终保持学习热忱，在走出校门后继续学习，工作后继续学习，谁就更有机会获得成功。学习，永远是成功者的第一特质。

不知道你有没有读过《林肯传》，亚伯拉罕·林肯从美国肯塔基州哈丁县一个贫苦家庭的孩子成长为一名律师，再到内阁成员，最后当上美国总统，他从未停止过学习的脚步。

林肯一生中接受正规学校教育的时间加起来不足一年。他7岁时开始上学，每星期只去学校2~3天。从那时起，他开始了自己的启蒙教育。没钱买纸笔，他就把燃烧过的木头当成"铅笔"，在粗糙的木板上写字母；没钱买书，他就从邻居家借书来读。林肯抓住一切机会学习。当小伙伴在山上捉迷藏的时候，他手捧书本坐在树下阅读；吃完饭后，他又很快拿起书本；在其他人休息时，他也在认真学习。

不管做什么，林肯始终没有忘记过学习。7年里，林肯干了两份工作，都是允许他可以长时间读书的工作。第一份工作是商场店员，第二份工作是邮递员。他在空闲时间里，广泛阅读哲学、科技、宗教、文学、法律和政治学方面的书籍。1837年，28岁的林肯已经是伊利诺伊州的职业律师了。35岁时，他开始竞选公职。他几乎输掉了每一次的重大竞选，但也一直坚持没有放弃。51岁时，他成功当选为美国总统。

从贫穷、未受正规学校教育的社会底层人士，到伟大人物之间，学习始终贯穿于林肯的生活中。

常言道："活到老，学到老。"有些老人言还是多听听为好。尤其是当今时代，知识的新旧更替正以一种前所未有的高速呼啸而至。也许当初你是名牌大学的高才生，才高八斗、学富五车，但是，知识日新月异，当你走上社会，进入职业生涯时，身边的一切都在悄然发生着变化。时代的潮流后浪推前浪，历史的车轮隆隆向前，去年你还引以为豪的技能，今年就被新技术所取代。一名大学生实习期间出了差错，被部门经理狠狠教训了。她不服气，拿出大学教材跟经理争论。经理拿出最新的行业杂志，指出她的错误在哪里。她才明白，她在大学里学的知识很多已经过时，而现在，她必须学习新知识，了解新规定。

知识没有止境，学习也不应该停止。只有坚持不断地学习，保持常新，我们才能让自己不被淘汰。借鉴一位成功人士的话来说就是："成功的路上，没有止境，但永远存在险境；没有满足，却永远存在不足。在成功路上立足的根本基础就是：学习、学习、再学习！"

授人以鱼，不如授人以渔

知道要学习是一回事，知道如何学则是另一回事。

事实上，很多孩子厌学的一个重要原因就是他不会，从而对学习失去了信心及兴趣。

学习的本质是什么呢？

引用叶圣陶先生的一句教育名言："教是为了不教。"就是说，教育要达到使人获得通过自学完成自我提高的能力，这种学习更多的是为了掌握认识的手段，而不是获得经过分类的系统知识。

这很好理解，我们用电影《三傻大闹宝莱坞》中的一个场景来解读一下：

课上，老师问："什么是机械装置？"

阿米尔汗回答："能省力的东西就是机械装置。比如今天很热，按下开关，得到阵阵凉风，风扇就是机械装置；跟千里外的朋友说话，电话就是机械装置；快速运算，计算器就是机械装置；从钢笔头到裤子拉链（他一边说一边上上下下拉着拉链）都是机械装置。"

老师对这样的回答不满意，就反问他："考试你也这样回答吗？"

此时，另外一名学生的答案是："机械装置是实物构件的组合，各部分有确定的相对运动，借助它，能量和动量相互转换，就像螺丝钉和螺帽，或者杠杆围绕支点转动……"

这名"好"同学将机械装置的定义熟练地背诵了下来，结果得到了老师的赞扬。

如果这种讽刺让你多多少少感觉"被冒犯"，则恰恰说明你还没有真正掌握学习的要领。学习的本质，其实是学会建立链接。打个比方，我们学到的各种知识点就好像一个个孤独的小星星，学完后，它们就散落在大脑宇宙中了。如果没有建立链接，在以后的生活和工作中，我们再想把它们找出来就很难了。这也是我们平时生活中很少用到从书本上学习到的知识的原因。

那么如何才能建立链接呢？所依靠的工具就是逻辑。具体点说，就是正确推理事物的规律，挖掘问题点的核心。当我们掌握了系统的方法，就拥有了多维度解决问题的能力，可以利用严谨的规则去解决问题。如果只是一味地接受很多知识，而没有通过逻辑这个强大的思维去链接和消化，必然会导致无法有效利用已"学到"的知识去思考、表达和解决问题。

逻辑是一切学习和思考的基石！我们都知道培根的那句名言——"知识就是力量"，但实际上，培根在这句口号后，又明确指出："如何应用学问乃是学问以外的、学问以上的一种智慧。"有了知识，并不等于有了与之相应的能力，运用与知识之间还有一个转化过程，即学以致用的过程。

"学了知识不运用，如同耕地不播种。"如果你有很多知识却不知如何应用，那么你拥有的知识就只是"死"知识。"死"的知识如何能解决现实的问题！因此，在学习时，不但要让自己成为知识的仓库，还要让自己成为知识的熔炉。把所学知识在逻辑的熔炉里消化、吸收，提高自己运用知识和活化知识的能力，使学习过程转变为提高能力、增长见识、创造价值的过程。当我们真正将知识内化成自己的思维方式，"成为"身体的一部分时，它们就一定可以发挥出巨大的能量。

生活方式决定了你的认知水平

我们常说："人比人，气死人。"那你有没有想过：人和人之间最大的差距到底在哪里？

其实，人和人之间的差距既不取决于性别、年龄，也不取决于学历、权力，人与人的差距本质在于认知。比如，在一家企业中，普通员工关心的是工资的高低和发薪是否准时；精英员工更在意的是上升空间和自身价值的体现；而老板关心的则是公司的效益、行业形势以及公司的长远发展等。

有人将其理解为位置不同，焦点就不同。但真相却是：认知水平不同，才会处于不同的位置，进而关注的焦点也不同。

就像当下人们常说的"人永远赚不到超出自己认知的钱"一样，没有足够的认知，是断然无法超越自我、跻身更高阶层的。并且，随着时间的推移，在境况不变的情况下，人与人的这种差距还会越拉越大。

那么，一个人的认知是如何形成的呢？

百度百科上说：认知，是指人们获得知识或应用知识以及信息加工的过程，是人的最基本的心理过程。人脑接收外界输入的信息，经过大脑的加工处理，转换成内在的心理活动，进而支配人的行为，这个过程就是认知过程。

从认知获取的途径来看，我们的生活方式往往决定着我们的认知水平。

有人说，在这个信息大爆炸的时代，获取信息简直太简单了。

我们甚至只需动动手指,就能遍知天下事。可是,为什么我的生活依然毫无起色呢?

因为很多时候,你所接收的诸多信息,实际上并不是信息,而是"情绪"。如果你的生活就是每天刷刷视频、看看直播等,不但不能让你获取多少真实有效的信息,相反,它们还会不断消耗你的时间和精力。在流量为王的时代,排除少数信息真正有价值外,大多数信息同质化严重,而且偏向于娱乐,它们只能暂时让我们放松,却无法提供更多、更高的"营养"。根据平台算法和推荐机制,你喜欢什么内容,就给你推荐什么内容;你是哪个层次的人,就会提供给你与你的层次相适应的内容,形成"信息茧房",让我们故步自封。

另外,被动接收信息是一回事,主动接收有效信息则是另一回事。只有足够多的有效信息,才能让我们找出信息之间的关系,进而发掘出事物的规律,找到本质,形成"认知"。

提高认知最好的途径之一,是多读书,读好书。培养并坚持良好的阅读习惯,它与每天刷短视频的生活方式,重要的区别就在于:一个是主动吸收;一个是被动接纳。二者之间差的是一个思考的过程。只有主动吸纳信息,才有助于我们思考,形成独立思考能力。

一位获得重大科学发明奖的青年科学家,谈及成功时说:他今天的成功来源于,从小每天坚持的10分钟阅读。据他回忆,最先,他在母亲的要求下,每天阅读10分钟,读完以后再去做其他的事情。后来,这逐渐成了他的一种生活习惯,一天不阅读,再干什么都不舒服。后来,他考上了中国科技大学,四年后赴美留学深造,毕业后回国从事科学研究,现在已经成为一名出色的青年科学家了。但不管什么时候,不管在哪里,每天阅读已经成了他的一种生活方式。

改变生活方式,改变头脑,改变认知,进而改变人生。要鞭策自己多学习,以引发更多的、有质量的、有深度的思考,要走出舒适区,走出自我设限的小世界。"读万卷书,行万里路",去见世面,去长见识,去与那些有更高认知水平的人交流!

在知识"投喂"时代保持清醒

很多穿越小说、穿越影视剧，会让一个资质平平的现代人，通过时间隧道，穿越到古代，然后凭借超前的知识干出种种惊天动地的大事。照这个逻辑看，现代人似乎比古人更聪明。

果真如此吗？

其实不然。知识的超前并不能代表什么，只能说明当时他们的祖先还没有留下足够的知识让他们了解这一点，如果我们将这种演绎当作智商提高的依据，那么必然也会在未来的某一天让我们的后人也得此体会。

事实上，更为残酷的真相是，我们的聪明只是"表面现象"，很多人，尤其是我们的下一代，正在逐渐丧失独立思考的能力。曾有媒体对此进行了深入的调查，最终得出如下的结论：高科技时代的生活让很多事情的处理变得更为轻松了，而轻松的生活减少了孩子们动手动脑的机会。充斥在孩子们生活中的动画与电子游戏，也因为声、光、色彩、图像的越来越完美，而挤占了孩子们想象的空间，进而阻碍了孩子们思维的拓展。

对大多数成年人来说，更是从一个"主动学习者"，变成了一个"被动接受者"。大部分时间，我们都躲在互联网上等待信息"投喂"：刷刷小视频，看看微博热点，似乎很轻松就可以接收到"新知识"。但实际上，"公众们将会在不久的将来，失去自主思考和判断的能力。最终他们会期望媒体为他们进行思考，并作出判断。"提出"奶头乐"理论的美国高官布热津斯基如是说。一个热点事件发生之后,一个大V发表了他的观点,你觉得对方的言论很有道理,后来另一个自媒体人发表了相反的观点,你也觉得对方说得对。就这样,他们主导着你,牵着你的鼻子走,你会逐渐适应他们为你量身打造的各种信息,慢慢丧失热情、抗争欲望和思考的能力。

那么,如何才能在避无可避的知识"投喂"时代,依然保持头脑清醒呢?

非常关键的一点是:培养批判性思维。这是一种对他人或自己的观点、做法或思维过程进行评价、质疑、纠正,并通过分析、比较、综合,进而达到对事物本质更为准确和全面认识的思维活动。当我们拥有了这样一种思维习惯,再遇到选择或接收信息的时候,就可以作出理性的判断和思考了。

不过,质疑,并不是毫无依据、随心所欲地怀疑,否则就容易进入另一个极端,成为"伪独立思考者",这就是所谓的"杠精"。不管别人说什么,都非要强调一下自己的"特殊见解",不接受其他任何观点。

会提问且懂得提问才是批判性思维的切入点。下面这个"六问法"是一套很好用的提问模式:

第一问:Who(谁说的)?

说话的人是谁,是名人、权威专家、熟人,还是亲人、朋友……他的话重要吗?

第二问:What(说了什么)?

他说了什么,他说的是事实(可以被证实的)还是观点(表达情感、信念)?

第三问:Where(在哪儿说的)?

他是在哪里说的这些话,公共场合,还是私底下?

第四问:When(什么时候说的)?

是事前说的、事中说的,还是事后说的?一般来说,事前说的最有可信度，事后说的多是推卸责任。

第五问：Why（为什么这样说）？

他说这话的目的是什么？有依据吗？他是不是为了美化或丑化一些人或一些事？

第六问：How（他怎么说的）？

他说的时候很开心、悲伤、气愤……是口头说的还是书面表达的？

通常情况下，当一则消息传来，通过这6个步骤进行筛选、过滤，往往可以过滤掉绝大部分的情绪、偏见和观点，再通过有实证的事实陈述，最终对事件形成清晰、客观的认识。

当然，这种能力不是短时间就能培养出来的，也不是一个模式就能学会的。在这个碎片化浅阅读时代，当我们面对海量信息时，要做到不人云亦云，不被割韭菜，就需要不断对自己和他人的观点进行合理批判，建立推翻再建立的思维模式，反反复复这样加强后，才能形成独立的思维，才能更理性地去寻求事实真相，探寻人生的更多可能。

深度思考带来深度认知

许多人存在这样一个误区：思考是一个态度属性词。他们认为，只要够专注、够努力，思考就一定够深度。但如果是这样的话，即使每天再苦思冥想，也会始终流于形式或浮于表面。浅尝辄止的思考，并不能让我们接近事物本质，深度思考能力也只能是零。

事实上，我们所说的思考的深浅度，只是相对于把控或接近事物本质或运行规律而言，越接近事物本质或事物的底层逻辑，思考就越深入。如果我们养成了深度思考的习惯，提高了认知层次，就会发现很多新问题都是旧问题披着"新外衣"而已。事实上，洞悉了问题本质，就知道如何去解决问题了。

王兴的"美团"能够在"千团大战"中胜出，不仅是因为他第一时间看好了团购这个方向，更重要的是，他在众多竞争者中是看得最深刻的。他坚信团购事业的关键是：高效率、低成本；高科技、低毛利。于是，在其他团购网站大打广告战的时候，他坚持在系统开发和效率提升上投入。最后，"美团"胜出，成就了"新美大"这个互联网新巨头。

事实上，"美团"不是第一个进入"热门赛道"的选手，却笑到最后，成为头部玩家；秘诀就在于掌门人王兴学得快、挖得深、执行力强、关键战略选得对，才会频频上演后发制人的精彩逆袭戏码。

"美团"的成功，可以说就是认知深度的胜利。对同一个问题，思考深度的不同往往决定了结果的不同。

深度思考，说白了，其实就是进行有逻辑、有条理，且能够逐层深入的思考，最终成功找到事物的底层逻辑。比如，你今天的工作没有做好，你要进行反思。怎么反思呢？首先，要清楚标准的工作流程。如果你把流程弄错了，你就要追问自己：为什么没有事先弄清楚标准？是因为没有时间，是自己不够重视，还是不知道如何获取相关信息？如果是因为不够重视，那么，是什么导致没有重视？在执行的时候，心里是如何想的？是通过哪些因素来判断优先级的？是这些因素本身有误，还是自己对这项工作的理解不到位？如此，一步步地深入思考，直至找到问题的根源，进而知道自己错在什么地方。接下来，要把"原因"转化为"行动"。坚持用这种思考方式做事，并逐渐内化为习惯，你会发现，这种深度思考给自己带来的变化是非常大的，它将不断深化你的认知，推动你进步。

当然，这种深度思考能力不是天生的，它是一种后天习得的能力，跟健身一样，越练才会越强，不练、少练就会减弱。

逻辑、知识和经验，是影响深度思考的三个主要因素。要想提升深度思考能力，就需要在这三个方面下功夫。我们可将其具化为：多读、多听、多看、多做。读什么？读逻辑、哲学以及各个领域的经典书籍。听什么？听别人的演讲和报告。读和听，补的是逻辑和知识。看什么？看这个世界以及世界上的新鲜事。做什么？做尝试、做梳理、做总结。看和做，可以增加你的经验。只要持续地刻意练习，慢慢你就会欣喜地看到自己的改变。

从认知世界到认知自我

我们从外界获取足够多的信息,来认知这个世界,却常常忘了自己也是这个世界的一部分。自我认知,其实同样重要。

一只山羊想吃菜园里的白菜,却被一道栅栏挡住了。当太阳慢慢从地平线升起来时,山羊看见自己的影子很长很长,以为自己很高大,于是自言自语地说:"我如此高大,定能吃到树上的果子,吃不吃这白菜又有什么关系呢?"之后,它转身朝果园方向跑去。

到达果园时,正午的阳光将它的影子变成了很小的一团。"唉,原来我这么矮小,看来吃不到树上的果子了,还是回去吃白菜吧!"于是,它又匆匆忙忙转身往回跑。

等跑到菜园子的栅栏外时,太阳已偏西,它的影子又变得很长很长。"我为什么非要回来呢?"山羊很懊恼,它想:"凭我这么高的个子,吃树上的果子是一点儿问题也没有的。"于是,它又向果园跑去。

很可笑,对不对?但这与我们时而自高自大,时而自轻自贱何异?

如果你认知自我的水平,与你认知世界的水平不匹配,则很容易"跑偏"。如果自视甚高,容易脱离现实,守着幻想度日,怨天尤人,常常小事不去做,大事做不来,最终一事无成;如果妄自菲薄,则容易产生自卑感,容易自暴自弃,本来能顺利完成的事,也不敢去尝试,最后抱憾终生。

如果回顾过去,你会发现,自己曾经犯过的很多错误、走过的很多弯路，都和自我认知不清晰有关，比如，你学习绘画，最后却没走这条路，因为你不知道自己真正的天赋在哪里；别人推荐什么课，你都尝试一下，因为你不知道什么才是你所需要的；你工作多年，却没有积累多少工作经验，因为你只顾频繁跳槽，却不知道自己想要什么；你想发朋友圈，却怕别人指指点点，因为你根本不清楚自己的目的……迷迷茫茫过一生，皆因自我认知不清。

认识自己不像照镜子那么简单，它是一件不容易做好的事。"不识庐山真面目，只缘身在此山中。"说的就是这个道理。自我认知，需要对自己有多方面的认识，需要保持头脑的清醒。可以通过朋友对自己的看法，了解自己、总结自己。也可以把自己与比较熟悉的人作比较，衡量自己的水平及在群体中的地位，找到差距和努力方向。

人每时每刻都在成长，人的自我认知也随之有所变化。这对自我来说，是一个比较痛苦的过程。因为人们内心普遍存在一种执着，就是不愿改变固有的思维定式和生活模式。改变意味着不确定性，不确定性预示着有风险。所以，有必要提醒自己：原来的模式可能会把我领进"死路"，只有突破才能找到新的出路。

突破的一个重要方法是自省，即自我反省，就是通过自我意识省察自己言行的过程。艾森是美国财经界一位重量级人物。当别人向他请教成功的原因时，他说："几年来我一直有个习惯，就是把每天的活动都记录在一个小手册里。星期日晚上，我总利用一段时间做一周的总反省，然后问自己：'我是不是犯什么错误了？该怎么做才好？怎么做才能促进自己的工作？从错误的经验中我学到了什么？'""当然，有时候这种反省会把自己弄得心情郁闷，自己的失误竟是那么多。可是，要坚持改变，一段时间后，会发现自己的大多数短处逐渐被克服了，缺点愈来愈少。"

需要提醒的是：自省不是外在的强加，而应该像吃饭、睡觉那样成为我们自觉的行为。而且，它既不等同于自怨自艾，也不是求全责备，而是精神层面上的主动省察，是对灵魂的追问。如果可以做到，就能对自己时刻保持一种清醒的态度，并做到扬长避短，最大限度地发挥自己的潜能，进而获得更大的成功。

其实，不管是认知世界，还是认知自我，都是一个漫长的过程，甚至是一辈子的事。在一次次踩坑、复盘中，加深对自己的了解，同时也会逐渐感受到它的力量，对这个世界也会看得更清楚。

无所不能就是无所能

我们常说一个人潜力无限,那是不是意味着任何人都有可能成为无所不知、无所不能的"超人"呢?

事实恰恰相反。我们发现大凡成功人士,都有一个共同的特征,那就是:专做一件事。

例如:沃伦·巴菲特专做股票,很快成了亿万富翁;女作家罗琳40多岁才开始写作,而且只是以哈利·波特系列为主,最后"写成"亿万富婆;曾经的世界首富比尔·盖茨也是一条路走到底,专心做软件;零售业的龙头老大沃尔玛,自始至终只做零售;通用汽车,一百多年来只做汽车与配件……可以说,他们的成就都得益于"一生只做一件事"。

这个道理其实很简单。比如经营餐馆,经营者想:妻子想吃中式春卷、丈夫想吃东北棒骨、孩子想吃四川火锅,那么同时经营川菜、东北菜、粤菜、淮扬菜等岂不是更好!对经营者来说,道路似乎很宽,但是顾客会怎样想呢?顾客却觉得:一个饭店同时做这么多种菜,恐怕哪一种都做得不精,还是专门经营一种菜系的饭店更靠谱。结果你的饭店不是增加了生意而是减少了生意。这就是为什么专门做一个类型菜的饭店,如川菜、粤菜、湘菜、东北菜、成都小吃等往往生意比较好,就是因为专门做一种菜系的饭店,精力集中,资源匹配到位,更容易做好。如果什么都做,精力分散,资源分散,就可能哪样都做得马马虎虎。

"年轻人事业失败的一个根本原因,就是做事没有目的性,他们的精力太过分散,以至于一无所成。"这是成功学大师戴尔·卡耐基在分析了众多个人事业失败案例后得出的结论。

事实也的确如此,许多生活中的失败者几乎都在好几个行业中艰苦奋斗过。他们往往以为自己无所不能,所以想在各个方面都出人头地,成为人人羡慕的能手。于是,他们既当推销员,又做技术员;既跑业务,又搞项目;既跑市场,又搞创作,还投资开公司……结果得不偿失,竹篮打水一场空。

正所谓"术业有专攻",就像竞技体操一样,有的人擅长跳马,有的人平衡木技术好,还有的人艺术体操好,但很少有人是"全能冠军",如果我们想抓住手中所有的东西,可能什么都抓不住。其实只要依靠自己的所长,做好自己最能做好的事就可以了。

不过,要想在世事喧嚣、红尘滚滚中静下心来,只专注于某一方面,是一件不容易做到的事,意味着要对自己有一个正确的认知,意味着要同欲望的诱惑作斗争,还有可能要放弃看起来不错的发展机会,但是只有这样,才更有可能达成心中的目标。

世界上最大的浪费之一就是把宝贵的精力无谓地分散到许多事情上。一个人的时间有限、能力有限、资源有限,想要样样都精、门门都通,绝不可能办到。如果想在任何一方面都做出一番成就,就一定要牢记这条成功的真谛。

他人，于我而言是什么

有一个小和尚非常苦恼沮丧，禅师问他原因，他回答："东街的大伯称我为大师，西巷的大婶说我是骗子；张家的阿哥赞我清心寡欲、四大皆空；李家的小姐指责我色胆包天、凡心未了。究竟我算什么呢？"禅师笑而不语，指指身边的一块石头，又拿起面前的一盆花。小和尚瞬间恍然大悟。

其实，禅师的笑而不语，道破了生命的一个本义——石块就是石块，花朵就是花朵，自己就是自己，不必因为他人的说三道四而烦恼，他人说就由他去说。

但大多数时候，我们却都像这个小和尚一样，在做一些事情的时候，很容易被他人的言语、眼神、手势等影响和左右。我们在意他人对自己的看法，在意自己在他人眼中的样子，久而久之我们就失去了本真的自己。

其实，嘴长在别人脸上，你若想要他人在背后闭嘴不谈论你，除非你是隐形人。无论你付出了多大的努力，即便你做得近乎完美，就像你在奥运会上拿了金牌，就像你已经是世界级明星了，也会有人不喜欢你，还会有人向你发出嘘声，甚至扔臭鸡蛋。因为每个人都有自己的喜好、自己的想法和观点，还有很重要的一点是，他们并不了解你。19世纪美国伟大的浪漫主义诗人朗费罗曾经说过："我们根据自己认为能做到的事，来判断自己的能力；别人则根据我们已做的事，判断我们的能力。"所以，我们唯一能做的，就是不要理会那些"风言风语"。

实际上，他人对我们的影响还不止于此。有时，我们还容易将他人的成功变成伤害自己的致命武器——盲目羡慕他人的成功，然后贬低自己的价值。

例如，睡在你上铺和你成绩差不多的兄弟顺利考取了研究生，而你却落榜了；小时候与你一起玩耍的哥们儿这几年做生意发了财，而你还在拿着死工资熬日子……这些事情恐怕很难让你心平气和，也许你会为了争一口气而再次加入考研大军，或者也去下海经商。你大概很少去考虑，考研到底是不是自己现在的最佳选择，下海经商是不是你所擅长和喜欢的。其实这时候，你在拿别人的标准来衡量自己。如果你的尝试成功了则好，一旦失败了，就会严重挫伤你的积极性，甚至会使你变得怨天尤人、自暴自弃。

新的遗传学明确地告诉我们，你之所以是你，是因为你父亲的24个染色体和你母亲的24个染色体所遗传的。"在每一个染色体里，"阿伦·舒恩费说，"可能有几十个到几百个遗传因子——在某种情况下，每一个遗传因子都能改变一个人的一生。"一点儿不错，我们就是这样"既可怕又奇妙"的构成——我们每个人都独一无二，所以你无须向别人看齐，更不要拿别人的标准来要求自己，那只会适得其反。与那些杰出的大人物相比，我们可以普通，但绝不卑微。正视自己的一切，无论是优点还是缺陷；学习发现自己的潜能，并努力在人格上、道德上追求成熟、圆满，你将会发现：做自我真好！

另外，人类的本能会让我们做事时喜欢"依赖"他人。这或许可以换来一时的轻松，但却往往是以失去独立的人格为代价的。因为过度依赖他人，其实就是在否定自己，过分依赖别人的人无异于放弃了对自己人生的支配权。

如果你想摆脱依赖，十分重要的一件事就是：拒绝所有来自身边的过度关怀，以及非必要的协助。简单来说，就是所有你可以靠自己完成的事情，都不要依靠他人帮你解决。在工作或者生活中，要勇敢面对问题，培养独立思考问题的习惯，努力提高独立解决问题的能力。

当然，这不是要我们在遇到问题时，如同瞎子摸象般地不停摸索，也绝对不是自以为是地盲目前行，必要时当然可以向他人请教和寻求帮助。

要注意的是，在我们拒绝他人帮助的时候，要确保自己有解决这个问题的能力，否则，这件事情恐怕永远不会有被解决的一天。

总之，不被他人的评价所左右，不因他人的优秀而自贬，不因他人的成功而自弃，"我就是我"，独一无二的我，这是你人生的底层逻辑。

固执背后，是你的低水平认知

乌鸦喝水的故事听过吧？我给你讲个续集。

这只乌鸦因为上次用投小石子抬升水位的方法，喝到长颈小瓶里的半瓶雨水，而被写进了寓言里，出名了。这一天，这只出了名的乌鸦飞到一个村庄去看热闹，又遇上了找不到水的事情。因为这里正发生干旱，溪水全干了，田里旱开了裂缝，只有村子后面的一口井底有些水。可是这个井口很小，井又很深。口渴的乌鸦试了几次都飞不下去，而且几次都碰到井壁上，它只好又回到井台上来。

这时，它忽然想起了自己"投石入瓶喝水"的光荣事迹，高兴地叫道："哇！哇！我怎么把这个好经验忘了呢？"

于是，像上次一样，它叼来一颗颗小石子，并且把它们一一都投到了水井里，可是，结果跟上次不同，它投了半天，井水都没有上来。这时，树上的喜鹊说："喳喳！乌鸦先生，您别忙了，这是水井，不是您原先的那个长颈瓶子，怎么还是用那个老办法呢？喳喳！"

"哇！哇！你懂什么？"乌鸦不屑地斜了喜鹊一眼，"我的方法是经过专家鉴定的，上过书本，到哪里都可以用，放之四海而皆准，怎么会不灵呢？哇！哇！"乌鸦继续向井里投石子。

当然，结果不用说，可想而知了。

你或许会嘲笑乌鸦的愚蠢，可是很多时候，我们又何尝不是这样一只"乌鸦"呢？虽然并不愚钝，却常常陷入某一个绝对没有好处的事情中不能自拔，任凭周围的亲戚、朋友、旁观者百般劝说，始终执迷不悟，甚至还要找出很多幼稚的理由来欺骗自己，直到有一天，当遭受重大打击，才幡然醒悟，追悔莫及。历史上不乏这样的例子，刘备一心为关羽报仇，不听众将劝告，举兵伐吴，结果大败而归，身死白帝庙；马谡不听王平劝谏，固执己见，痛失街亭；宋江执着于招安，葬送了农民起义……一个人过于固执最终只会伤人伤己。

道理你多半懂得，但是很多时候却不清楚什么时候该坚持，什么时候该放弃。这是因为固执的背后是我们的认知水平在"发挥"着作用。

我们的认知不是生来就有的，它是从低到高发展起来的，我们对还没领略过的更高认知一无所知，但是对于自己亲身经历过的低认知层级，却天然地具有理解优势。固执的人常会陷在自己的认知层级里，无法自拔，自以为自己的坚持就是对的，当他接触到更高层次的结论、理念时，却本能地抵触。

实际上这也是经验主义在作怪。经验主义者将经验认为是知识或可靠信念的最重要甚至唯一来源，而这便产生了固执。显而易见，这种"坚持"并不是一种美德，反而是愚昧的表现。尤其是在一个快速变化的世界中，这绝不是一件好事。它会限制我们的头脑，使我们看不到新东西，创造不出新方法。正如思想家爱默生所说："庸人之所以平庸，就是因为他们的思想过于固执。"因为我们主动拒绝了自己的成长与进步，未来的路将会越走越窄。更可怕的是，这种限制是你自己给自己设置的，没有人能打开这种限制，你只有不断提升自己的认知，让自己的思维向外打开，才能避免掉入"固执"的陷阱。

不可否认，突破自己很难，但这是提升自己认知的必要途径。打破固有认知，容纳更多的认知，你就越知道自己的不足之处，也越坚信学无止境，也就越能理解社会的多样性。

第四章
职场生存的底层逻辑

很多人习惯用战术上的勤奋去掩盖战略上的懒惰，这是本末倒置。停下盲目的奔忙，从底层逻辑出发，花时间认真思考让事业上升的路径，未来的职场之路一定会清晰明确很多。

工作原动力是真正的热爱

作为普通打工人,我们上班的多数时间都是在重复做着相同的事。每天上班,朝九晚五,天天如此,年年如此。"无聊""单调""乏味"……便成了我们的口头禅。有时,我们也会想办法试图去"解决"这种状态,最常见的方式就是更换工作。可是,换了新工作之后,却发现又陷入了另一种重复的生活,于是将之形容为:不过是从一个火坑跳入另一个火坑。

既然换工作不是解决问题的良方,那么该怎么办呢?

其实,不管是工作还是做其他事情,其底层逻辑都应该是一种渴求感,或者叫兴趣、热爱。它是推动我们去寻求知识和从事某项活动的一种精神力量、一种原动力。

可以试想一下,一个不渴望面包和牛奶的人,会为了得到它们而付出辛苦的劳动吗?当然不会。一个人只有当对某件事情产生浓厚的兴趣和有强烈的达成愿望时,他才会愿意采取行动,并愿意坚持下来直到目标达成。

事实上,许多事业上取得成功的人都得益于此。美国著名电影导演达伦·阿伦诺夫斯基在一次演讲中说:"我尽力让我的生活没有遗憾,我尽力选择那些让我觉得充满乐趣、让我喜欢的道路,因为那样的路才是正确的。"被称为"压力之父"的塞利博士曾经说过:"虽然我每天都要从早上五点一直工作到深夜,但我从来不认为这是一份工作。相反,我更觉得自己是在做一个十分有趣的游戏,因为我喜欢。"对"发明大王"爱迪生,有人曾质疑他如此拼命工作到底累不累，可是他却说："因为我喜欢做实验，所以从来没有把它当成头痛的工作。"

工作，从来都不是靠外界的"胡萝卜加大棒"来驱动的。动物行为学家克拉克·赫尔曾做过一个"让老鼠学会走迷宫"的实验。通过这个实验他发现，要让老鼠完成迷宫的穿越，仅提供食物刺激是不够的，食物刺激只是一种对结果的奖励。如果老鼠没有饥饿感，食物就失去了它的价值。它必须是某种需求（摆脱饥饿）和对这种需求的回应（食物刺激）结合在一起的结果，即老鼠行动动机 = 摆脱饥饿 + 食物刺激。对打工人来说，这条结论同样适用，公式变成：工作动机 = 需求 + 价值。仅仅靠薪水刺激，工作必将出现困境，个人的职业生涯也将受到影响。

美国人斯蒂芬·伦丁、哈里·保罗和约翰·克里斯坦森合著的《鱼》一书中，有这样一句非常有意义的话："当我们死心塌地地热爱自己所做的工作时，我们才能享受每天有限的幸福，过得满足而又有意义。"

不过，让我们死心塌地地热爱自己的工作，并不容易。

首先，我们要弄清自己真正的兴趣所在。有些事情，我们看起来对它们感兴趣，但事实上却不是我们真正的热爱，只是一时的心血来潮，就好像爱一个人，没有相处前，把对方看成神，相处了才感觉"没有意思"。

其次，还要明确兴趣不只是好玩。热爱的事情应该有其积极意义，我们要找出这个积极意义，为我们提供师出有名的支持。

再次，看看自己适合不适合从事所热爱的事业。对热爱的事情有了初步判断之后，我们要看看自身条件，适合不适合从事这项事业。

最后，慎重作出决定。前三项确定后，慎重作出自己的决定。同时，做好认真努力、发愤图强的准备。

当然，很多时候，我们并不见得总能根据自己的兴趣随心所欲做事。这时候，有一个简单可行的解决途径，那就是——想办法爱上现在正在做的工作。电视剧《后厨》中时慧宝有句经典台词这样说："一道菜烧得好坏，原料不重要，调料不重要，火候也不重要，最重要的是烧菜人的那颗心。"当我们经常有一个日子不值得全力以赴的想法的时候，那几乎所有的日子都会过不好，最终我们所收获的，恐怕也只能是一个"不值得的人生"。所以，把"不值得"丢出你的思维圈，不只选择你所爱的事情，还要爱你所做的事情，那么许多问题都可以迎刃而解了。

努力就一定能取得好结果吗?

一个人从北京去大庆考察市场,临行前一晚和朋友在外面玩得比较尽兴,回到家已经很晚了,担心睡过头错过航班,就在沙发上休息了一下。由于第一次去东北地区,并不知道十一月份的哈尔滨已经很冷了,因此,没有拿厚衣服,下了飞机冻得头疼,又因为没有提前订票,到了哈尔滨之后只买到了去大庆的火车站票。晚上没休息好,又在绿皮火车上站了两个多小时,在抵达大庆站的那一瞬间,他觉得自己实在太不容易了。

你是不是也觉得他为了生意已经很努力了?

可惜,受苦不是努力的同义词,也"生"不出收获的果实。他的这些所谓的"努力"和他最终是否把生意做好,没有多大的关系。试想一下,如果他前一天晚上能早点上床睡觉,多准备点衣服,提前在网上把火车票订好,完全可以舒舒服服地达到同样的目的。

有人说,现在是一个连傻瓜都会努力的时代。但很多时候,这种努力只是在跟时间打持久战。看起来每日起得比鸡早,睡得比狗晚,这样就能说自己很努力了吗?这哪里是努力,根本就是打着"努力"的幌子一本正经地浪费时间。最后失败了,好像还不是自己的错,而是时光虚度了自己。

其实努力,也是有自己一套底层逻辑的。真正的努力,应该是一种明白自己在做什么,又能在适当的时候全力投入,而非内心烦躁焦虑,表面废寝忘食。它需要你在客观认识自己的基础上,确立一个正确的目标,然后持续地努力。就像我们常说的,先做正确的

事,再正确地做事。具体来说:

首先,要进行准确的自我分析。管理界中有一句名言:没有最好的,只有最切合实际的。每个人的个性、天赋、才能、所处的环境是不一样的,而我们所要做的,不是抱怨自己不如别人的地方,而是认真分析自己拥有的资源和条件,然后找出适合自己做的事情。可以问问自己:想做什么(兴趣),能做什么(能力),适合做什么(综合素质),对自己进行定位。

其次,需要确立一个相对明确的目标。不管你想要的是什么,你都要将它变成一个相对明确的目标,不能模糊不清,这样,你才能明白接下来该做哪些努力来实现这个目标。现实生活中,大多数人上班,只是机械地做着重复的工作,正是因为没有清晰的目标作指引。许多人在公司五年,却没有五年的经验,只能说有五次一年的经验。他们一再重复过去的表现,对未来从不订立特定的目标,这样的努力实际上意义很小。

另外,还要注意,刚开始订立的目标应该是具体化和简易化的。也就是说刚开始的目标不但要具体,还要容易实现。小小的成就也会给我们带来鼓励,有利于后面更大目标的设立和实现。一味好高骛远,往往欲速不达。为此,可以将大目标分解为多个易于达到的小目标,然后脚踏实地,逐个完成。回报也许就会在不经意间,以出人意料的方式出现。

能力是你职场生存的底气

从情商（EQ）进入大众视野开始，能力与之相比谁更重要，就成为职场永远绕不开的一个话题。其中很大一部分人觉得，职场是一个完全拼情商的地方，那些"见人说人话，见鬼说鬼话的人"，总是能更快获得晋升的机会。

事实果真如此吗？

让我们用底层逻辑分析一下：

职场是什么性质的场所？职场，从根本上说是个做事的地方。而做事，需要实打实地付出，需要经验和技巧，经验和技巧就是能力，而代表能力水平的主要是智商（IQ）。那些一味强调情商，觉得情商重要的人，大多数是能力或者说智商不行的人。平时所看到的那些只靠会说话就平步青云的人，业务水平也多半不差，否则是肯定走不长远的。

IQ+EQ才能所向披靡！如果二者只能取其一，那也要先提升自己的智商，也就是解决问题的能力，再去研究如何好好说话。不能做实事，不能解决问题，不能给企业带来实际价值收益，恐怕再会说话也无济于事。这个顺序千万不要搞反。事实上，哪个行业都不乏一些"放纵"的人，哪怕脾气差一点，火气大一点，任性一点，但只要在工作中有某方面过硬的本事，总能找到立足之地。

亿万富翁洛克菲勒说："如果把我剥得身无分文丢在沙漠中，只要有骆驼队经过，我就可以重建整个商业王朝。"这其实就是能力带来的自信。你的工作能力，才是你在职场最强的底气。所以，与其花时间揣摩如何说话让对方受用,还不如想办法提升自己的工作能力。

令人欣喜的是,人的潜力是无限的。电脑可能会遇到硬盘已满的情况,而人脑绝对不会。你可以不断地向前推进你的极限,从而达到更高的层次。

关于如何挖掘潜力、提升能力,我们提供了一些建议,可以参考一下:

第一,潜心琢磨一下,找出那些阻碍和制约你前进的因素。问问自己:"为什么别人能创造出不凡的业绩,而我却不能?""别人能够实现自身的价值,为什么我就不可以呢?""和别人相比,我有什么优势?"……在这种自我发问和诊断中,将会在身上"挖掘"出很多宝贵的品质和能力,当然也会发现一些毛病和不足。之后,根据自身的优势和特长来确定应当着重开发的潜能。只有这样,才能使自身的潜能开发和利用事半功倍。

第二,对内在力量加以有效的运用。时刻反省自己、调整自己、激励自己。这意味着:你应该"主动地追求",主动完成自己的工作,而不是等着别人安排或督促;你要保持"开放性学习",接受新知识,不断完善和充实自己的知识结构;你要"愈挫愈奋",将困境视为机遇,努力寻找更好的解决方案,而不是抱着"干得了就干,干不了就算了"的心态。

第三,给自己一个合理的"诱惑"。从某种意义来说,每个人都在下意识地寻求更大领域、更高层次的发展。有理性的自我,是绝不愿意停留在任何一种狭小的、有限的状态之中的,而总是想不断开拓,以取得更大的发展,从而更好地生存。这种炽热的、旺盛的发展需要,是渴望成功的表现,是潜能蓄势待发的前兆。给自己一个合理的"诱惑",就能很好地将自己的潜能激发出来。

第四,勤学加苦练。勤学绝对是增加潜能基本储量及促使潜能发挥的最佳方法。知识丰富必然联想丰富，而智力水平正是取决于神经元之间信息连接的接触面和信息量。可以多做一些开发潜能的练习、测验和训练等，如"潜意识理论与暗示技术""自我形象理论与观想技术""成功原则和光明技术""情商理论与放松入静技术"等。

躺平不能真正对抗内卷

"内卷"曾是网络上讨论热度最高的词语之一。放眼望去，从小孩到大人，从生活到工作，处处皆"内卷"。"上课假装睡觉，耳朵偷偷听讲，卷死他们""宁可累死自己，也要卷死同事""卷王出征，寸草不生"……此类内卷文案大家是不是早已经耳熟能详了？

对大部分人来说，内卷并非出于自愿，而是被迫裹挟其中，由此，诞生了另一种文化——躺平文化。"躺平文化"的核心逻辑：只要我躺得足够平，内卷就卷不到我；只要我不参与，资本就利用不到我。

但实际上，躺平并不能真正对抗内卷，而是直接被"卷"出局了。

要避免内卷，我们首先要了解内卷。内卷的本质，是大量需求相同的人在竞争少数资源，从而引发恶性竞争，使得竞争成本变高，但回报却不匹配，结果导致大量卷不动的人被迫出局。简单说，就是过度竞争，而且是同一层级的人的竞争。它的问题在于，即使"卷死"周围所有人，距离世界一流水平还差十万八千里。

根据底层逻辑思维，我们要反内卷。如何做呢？可以用内卷的思维来对抗内卷本身。也就是说，我们用不卷的方式，获得和卷的人相同甚至更高的回报，这样就将问题解决了。

具体来说，有如下两个方向：

一是改变竞争模式。内卷其实就是内部之间在进行"零和游戏"，参加者有输有赢，赢家所得正好是输家所失，总成绩永远为零，是谓"零和"。一旦人们开始认识到"利己"不一定要建立在"损人"的基础上，通过有效合作，皆大欢喜的结局是极有可能出现的，那么内卷也就被打破了。

我们可以借鉴一下日本企业界"竞合关系"的做法，即在竞争之中要保持一种合作关系。这就好比一家人在一个锅里盛饭吃，吃得快的人总是吃得多，吃得慢的人总是吃不饱。这时有三种选择。一种选择是吃得快的人放慢速度，让吃得慢的人多吃一点。在企业竞争中，这种办法行不通，因为这是平均主义的做法，有悖于竞争精神。再有一种选择是吃得慢的人把锅砸烂，"如果我没饭吃，那么你也别想有饭吃"。这种选择的结果是大家都没饭吃。其实，最好的选择应该是第三种选择，那就是使锅里的饭多起来，使吃得慢的人加快速度。使锅里的饭多起来需要大家共同努力，就好比竞争企业有责任把市场培养大一样，这是合作的关系，是大家共同利益所在；使吃得慢的人加快速度，这是竞争关系。因为不管锅里的饭怎样增加，吃得慢的人依然吃得少。

而要让吃得慢的人快起来，就涉及了第二个方向：用效率换成绩，而不是靠时间的延长获取。

效率专家艾维·李有一套提高效率的思维方法："你明天必须把要做的最重要的工作记下来，按重要程度编上号码。最重要的工作排在第一位，依此类推。早上一上班，立即从第一项工作做起，一直到完成为止。然后用同样的方法对待第二项工作、第三项工作……直到你下班为止。即使你花了一整天的时间才完成第一项工作，也要这样做。只要它是最重要的工作，就坚持做下去，每一天都要这样做。"

正如没有一朵花会等着与其他花一起绽放一样，我们也不要让别人的步伐，打乱自己前行的节奏。当你正处于内卷的焦灼中时，不妨静下心想一想自己追求的是什么，直面自己内心的底层欲望，理性规划自己的人生方向。如果你现在所处的环境,不允许你脱离非理性竞争,摆脱内卷,那就彻底跳出来,在更大的空间和时间里寻找自己的位置。

你有职场拖延症吗?

先来做个测试,看看你的拖延症几级了。

回答下面9道题,用笔记录下分数,并相加得出总分。

计分方式:

我不会或极少这样:计1分;我很少这样:计2分;我有时这样:计3分;我时常这样:计4分;我就是或总是这样:计5分。

其中,第2、5、8题为反式计分,即由"我就是或总是这样"至"我不会或极少这样"的分数为1~5分。将以下9道题的分数相加,即为拖延测试的总分数。

测试题目:

(1)我将任务推迟到了无法再拖延下去的程度。

(2)不管什么事情,只要我觉得需要做,就会立即去做。

(3)我经常为没有早些着手而后悔。

(4)我在生活中的某些方面经常拖延,尽管明知道不该这么做。

(5)如果有很重要的事情,我就会先做完它,再去做那些次要的。

(6)我拖得太久,这令我的健康和效率都受到了不必要的影响。

(7)总是到了最后,我才发现其实可以更快地完成它。

(8)我很妥善地安排我的时间。

(9)在本该做某件事的时候,我却在做别的事情。

测试结果：

19 分及以下：轻微拖延，约占人群的 10%，"要紧的事先做"应成为你的座右铭；

20～23 分：轻度拖延，占人群的 10%～25%，通常不会影响正常工作和生活；

24～31 分：平均水平的拖延，约占人群的 50%，你总是认为"一会儿再做也可以"；

32～36 分：中度，占人群的 10%～25%，总是无法在规定的时间内完成工作；

37 分及以上：重度，约占人群的 10%，"明天吧"是你的口头禅。

其实拖延并不是一个非黑即白的问题，每个人都会拖延，只不过有些事拖得，有些事拖不得。如果它已经影响到你的生活和工作时，那么，消除它，就变成了必须解决的问题。

造成拖延的原因有很多，比如懒惰；逃避压力；害怕失败；认为不是最好就是失败的完美主义……但要解决拖延，一条就够了：立即行动！

立即行动，要的是，以合理的方式、合理的时间去实现合理的目标。

合理的方式，就是将工作分出轻重缓急，然后按重要和紧迫的程度，将其分列在四个象限里：重要而且紧迫、重要但不紧迫、不重要但紧迫、不重要也不紧迫。之后，确立正确的做事顺序：首先做"重要且紧迫"的事情；其次做"重要但不紧迫"的事情；再次做"不重要但紧迫"的事情；最后做"不重要也不紧迫"的事情。

合理的时间，就是聚焦于"时间盒子"，而不是截止日期或者目标日期。很多书籍和文章，给我们的建议大多是给自己制定一个工作完成的截止时间，目的是制造紧张感，以提升我们的行动力。

但在实际工作中，往往是：如果截止日期临近了，我们容易产生焦虑，而如果截止日期还很远，我们会继续拖延。

所谓的"时间盒子"，是指把一天的时间分成若干份，也就是分成一个一个的"小盒子"，然后在这些"小盒子"中，放入相应的目标和任务。接着在这个给定时间内尽全力去达成目标，其间要随时追踪其完成情况。如果截止时间快到了但预定的任务尚未完成，那么也不要犹豫，坚持按照原定计划去做，直至完成任务。

初级阶段可以将"时间盒子"定为 30 分钟，这样一天就有 48 个"盒子"。睡眠时间 7 小时，占 14 个"盒子"。其他事情按照重要性、紧急性原则逐个排列。简单来说，就是减弱时间的概念，增强时间段的概念。这样做的好处是：不再把注意力放在结果上，而放在执行任务的过程中，可以降低因结果而产生的对情绪的不利影响，也不受截止日期的影响。

职场人的核心思维——"老板思维"

在职场中，所有的工作，其实都可以归结为一件事，那就是：解决问题。如果我们可以找到解决职场中所有问题的通用方法，也就是它的底层逻辑，那么一切问题也就不是问题了。

而要找到这个底层逻辑，需要先从工作的意义说起，我们要知道，我们为什么而工作？

很多人认为工作是为了别人。公司是老板的，我只是替别人工作，工作得再多、再出色，得好处的还是老板，于我何益？这些人秉持的是一种"员工思维"。在这种思维主导下，他们总是喜欢精打细算，不由自主地把自己的工作结果和工作质量直接跟当下实实在在的金钱回报挂钩。也由此，有的员工天天按部就班地工作，一到下班时间连一秒钟也不愿耽搁，率先冲出办公室或车间；有的人甚至趁老板不在时没完没了地打私人电话或漫无边际地遐想。这种想法和做法，其实无异于在浪费自己的生命和自毁前程。

而另一小部分人，他们秉持的工作态度是"给自己打工"，他们对于自己的工作结果和工作质量有更高的要求，愿意付出更多的时间和精力。他们懂得用"老板思维"去检视自己的工作，主动站在一个更高的维度去思考、去行动。这些在多数人眼中的"傻子"，实则人生的境界获得了极大的提升，而相应的收获也往往更多。

一般情况下，在一个公司中，老板看的是全局，算的是大账，考虑问题往往更周全；而一般员工由于位置、身份的不同，往往被表面的现象迷惑，或被自己的职位限制，无法准确定位。这也就是我们常说的：思维高度决定格局高度。只有站得高了，才更有可能看到本质，目标才能更明确。而这也正是一个职场人从平凡走向非凡的核心思维，即"老板思维"。

一个知名管理学院毕业的大学生，有几家大公司都邀请他加入，他却决定去一家规模较小的公司做总经理助理。对这样的选择，有些人表示不解：去大公司工作，起点不是更高吗？为什么舍大取小？再说，助理的工作不就是收发文件、做记录，有什么前途？

几年过去了，这名大学生已从一个毛头小伙成长为一家年盈利过千万元的公司老总。有一次，当别人称赞他的能力非凡时，他谦虚地说："其实，我刚参加工作时应聘的总经理助理岗位使我受益匪浅。由于每天接触公司各种文件、资料，我了解了作为一个领导的管理思路；正是记录一场场会议过程，让我清楚了企业是如何经营，老板又是如何决策的。我做的虽然是小事，但是，如果从老板的角度来看，它们却是十分有价值的。"

需要注意的是，"老板思维"并不是让你不顾实际、一心只想着当老板，或是对公司的事务指手画脚，横加干涉，而是希望你可以像老板一样思考，从更高的角度分析问题。

职场中如何"利用"老板思维做事呢？举个例子：你的方案屡次被老板驳回，你该如何去转变呢？

如果站在老板的角度，你就会知道：对老板来说，管理不过就两件事：一件是扩大业务范围，增加业务收入；另一件就是降低成本，控制运作费用。因此，你给老板的任何提案，都应该在这两个方面下功夫：要么是扩大收入，要么是降低成本。这两个主题，是你和老板沟通的基础，否则不论你浪费多少口舌，老板也不会重视你的意见。

通常情况下，在一个公司里，员工多是执行工作任务的人，而老板往往是承担责任的人。当你愿意承担责任，而不仅限于执行任务时，那你其实就拥有了"老板思维"。职场中很多错误并非某一个人造成的，而如果你主动站出来，愿意去处理问题，就是在给自己一个锻炼和证实能力的机会，也是"老板思维"的一个体现。

总而言之，在工作中，我们要尽量向"老板思维"靠拢，经常问一问自己："假如我是老板，我会怎么想，怎么做？"如果你能站在老板的角度看问题和处理问题，那么你的思维也就是"老板思维"了。

第四章 >> 职场生存的底层逻辑

和上司处理好关系的逻辑

如何与上司处理好关系,可以说是一个千古难题。常言道:"伴君如伴虎",虽说职场并非朝堂,上司也不能决定你的生死,但是和上司处理好关系,博得上司的好感、赏识和帮助,对于职场人的未来至关重要。

其实对于如何跟上司相处,你肯定已经了解过很多方法了,但为什么还是处理不好呢?

这是因为你学到的,实际上只是他人在一些底层逻辑上拓展出来的方法。而方法的有效性,是因人、因时而异的。只有了解了处理上下级关系的底层逻辑,你才能更容易找到真正适合自己的方法。

著名人类学家阿兰·费斯克有一个广义的人类社交关系理论。他认为人类有四种基本的人际关系模式,分别是:公共分享、权威等级、平等匹配和市场估价。这四种人际关系模式都遵循着不同的底层逻辑,懂得它们的内核,而不是只用浮于表面上的方式处理所有的人际模式,你会少走很多人际弯路。这四种人际关系模式中的权威等级关系就是我们现在正在谈论的和上司的关系。

这里的权威等级关系是指有着垂直等级排列的人之间具有的一种关系。在古代,它主要以君臣形式存在,而现代的表现形式则变成了职场的上下级关系。它本质上是一种尊重和责任的关系。因此,在经营这种关系时,要围绕这两点来进行。

某种程度上,权力的衍生品是威信。在其他关系类型中,威信可能是装饰品,但是在权威等级关系中则是必需品。威信受到损害，便会使权力的行使效力受到损失，进而会影响上司今后决策、执行、监督等各个方面的决定权和影响力。《三国志》里有这样三个人物：祢衡、孔融和杨修。这三人皆为当时才俊，名望超群，都曾受到曹操器重，但最后却为何都落得惨死的下场呢？我们通过他们对待曹操的"态度"分析一下：祢衡目空一切，把谁都不放在眼里；孔融自视望族，清高孤傲；杨修自作聪明，恃才傲物。这三个人对上司曹操轻视无礼，甚至嘲讽戏弄，最后落得被处死的下场，也是意料之中的事。

中国人向来看重"面子"。在中国社会，一定程度上，面子代表着体面、人格，甚至尊严。林语堂说过一句很有意思的话："在中国，脸面比任何其他世俗的财产都宝贵。它比命运和恩惠还有力量，比宪法更受人尊敬。"我们甚至可以说，它是具有实际价值的"社交货币"。当我们站在这个认知高点上处理上下级关系时，就容易许多了。

不过在这个过程中，我们要注意避免走入无原则谄媚和无脑服从的误区中。实际上，如果你害怕表达出自己的不同观点，恰恰说明你还是没有真正学会与上司相处的底层逻辑。

著名财经作家吴晓波老师由于工作非常忙，经常拖延回复下属发来的邮件。员工早上发的邮件，他可能下午才回复，有时甚至不回复。而得不到老板的回复，大家就不知该如何推进工作了，由此拖延了整个项目进度。大家都非常着急，可又都不敢跟老板提意见。有个叫崔璀的下属，想出一个办法，在给吴老师发微信或邮件请示工作时，换了一种说话方式，她会这样写："吴老师：现在有A、B两个方案，我倾向于A方案。如果您有其他建议，记得今天晚上12:00前回复哦。如果没有建议，我们会于明天按照A方案推进项目。老板辛苦了！"这个方法施行后，效果好了很多。

事实上，绝大多数有见识的上司，不会真正重视那种一味奉承、随声附和的人。你只需要考虑自己说出的话是否得体，是否把握好了分寸，是否恰到好处就可以了。

管理自己,影响他人

在一个组织里,有上司就会有下属,一些人既是别人的上级,又是他人的下属,由此形成管理的"金字塔结构"。在处理好与上司关系的同时,还要处理好与下属的关系。

由于管理者在群体组织中处于组织、指挥、协调和控制的地位。因此,如果你问他们:"你们管理谁?"得到的回答百分之九十九会是:"我们管理下属。"

管理是向下的,这是绝大多数人的共识。可实际上,这个所谓的"共识"却是不正确的,至少不是完全正确的。

管理的底层逻辑,实际上是管理自己,影响他人。

管理是一件非常考验智慧的事情。如果只是用权力代替权威来行使职责,那绝大多数人都可以胜任领导职位。但遗憾的是,事实并不是这样。心理学中有个专有名词,叫"权力膨胀效应"。心理学家们通过一个实验验证了它的存在:22名参加实验的人都在一个公司工作,而且每个人都在公司担任管理工作。让这22名管理者监督旁边房间里4名工作人员的工作情况,但并不与这4名工作人员见面,只以书写的方式进行沟通。当这些管理者被授予一定权力之后,便开始了管理工作,例如调整部下的工资,更换或解雇部下,增大部下工作量,等等,而部下只能按照"管理者"发出的"指令"执行。实际上,旁边房间内根本没有部下在工作。

这个实验证明,人只要有了权力,就会充分使用,而使自己与被管理者之间的权力差距越来越大。

但事实上，管理工作是一个发挥自身威信而产生力量的工作，而不是单纯地依靠行政命令。真正在管理中起作用的是权威，而非权力。威信的效能要远远高于权力的效能。这二者并不是一回事。权力是既定的、外在的、带有强制性的，而权威则是一个领导者的影响力，既包括权力性影响力，也包括非权力性影响力，更多的是来自下属的一种自觉倾向，是由领导者在被领导者心目中形成的形象与地位决定的。管理者可以强制下属承认权力，却无法强制下属承认权威。

首先，管理者，作为权力的行使人，要做的就是对权力进行制约。管理者的权力需要，可以用一个坐标图来表示：权力需要与管理绩效的关系是一个倒"U"形的曲线。当权力需要过高或过低时，管理绩效会很低；而当管理绩效高时，权力需要处于中等水平。因此，管理者在管理活动过程中，既要保持一定的权力需要，又要避免其无限制地膨胀。

其次，管理者要善于授权、敢于授权，并在授权中将监督和指导结合起来，形成大权集中、小权分散的局面，这样才能更有效地发挥权力的作用。现实生活中，许多管理者喜欢做"保姆"型的管理，不愿授权给部属。他们不善于激励下属发挥积极性和创造性，只擅长揽权，越俎代庖，凡事别人休想插手，议事也只是走走过场，因而常引起部属的不满。

在影响他人的层面上，我们强调的是非权力性影响力。总想利用自己的权势影响和控制他人的思想与行为，把自己的观点、意见强加于他人，并不择手段地把他人的观点压下去，这是不能叫下属信服的。这里所说的管理者的影响力，主要来自管理者个人的自身因素，其中包括管理者的道德品质、文化知识、工作才能和交往艺术等。

非权力性影响力与员工群体接受影响的心理机制密不可分。由于管理者本身所处的地位，他的品德、行为、处理问题的方式以及言谈举止和喜怒哀乐等情绪，都容易被员工自觉或不自觉地接受、模仿。那么，管理者就可以利用这一心理机制，来发挥自己在员工中的影响作用。

在管理活动中，管理者的一个恰当的暗示，可以有效沟通上下级之间的思想感情。比如，一个赞许的目光，会使员工乐于受命，勇气倍增。管理者可以运用暗示的心理机制，把自己的意志和情绪，作为一种特殊信息传递给员工，进而发挥自己的影响力。

在群体活动中，大体上都有一种强烈的从感情上要将自己认同于另一个体，尤其是认同于管理者人格特质的心理趋向。也正是这种心理趋向，加强了群体或组织的整体性。高度的认同，还会使个体与效仿对象休戚与共、荣辱相依。我们常说管理者要和下属打成一片，就是指管理者要在感情上尽可能地接受员工，与员工有共同语言，与员工共情，取得员工的认同，进而形成合力。

唯有变化才是永恒不变的

职场历来看重资历。普遍的观点是：经历越丰富，经验就越足，做起事来也就越得心应手。于是，有些老员工和管理者便认为自己的经验最有说服力，但结果往往是掉入经验的"陷阱"。这样，本来有用的经验法则就会成为决策的障碍。

其实，这个世界每时每刻都在变化，人、物、关系都是一个动态变量，如果谁期望能用不变应万变，那他必将遭遇挫败。

有时候，经验或许是我们的宝贵财富，它会告诉你，解决问题的便捷之路；但同时经验又是一个"陷阱"，它总能用一个小小的诱饵引你上当。如果你能主宰经验，你便会得到智慧；如果你被经验主宰，你便不免掉入陷阱！项羽的巨鹿之战，韩信的井陉之战，都是置之死地而后生的成功例子。马谡被诸葛亮派去镇守军事重地街亭，也想学他人置之死地，结果就真死了。可以说，成也兵书，败也兵书，关键是要灵活变通。

所以说，对我们所拥有的能力、技术和资源，应该以更宽广的视角看待，要努力跳出自己原有世界观的局限与束缚，只有这样才能在快速发展与改变中掌握先机。为此需要做到：

第一，要放弃以自我为中心。只有放弃以自我为中心，才可能避开经验的偏差，作出正确决策。下面简单的三个步骤可以帮助你不被经验、习惯所制约：首先，成功时不要头脑过热。当你在某些事上取得成功时，要想清楚，你的哪些行动对你的成功有所贡献，哪些可能不是。评估要客观真实。其次，当失败时，要少找理由，多从自身找原因。如果在失败中夸大厄运的重要性，就会降低对自己的要求，以及放弃在失败中学习的机会。当你从令你不快的决策中获得反馈时，你才算真正进步。最后，借助于作重大决策时所记录下来的期待事项，降低预料后事的偏差效应，然后将真实的结果与期待的结果相比较，考虑该从中学些什么。

第二，要努力摆脱传统思维，勇于创新。"构成我们学习最大障碍的是已知的东西不是未知的东西。"我们总是在某个范围内按照已知的规律进行判断和推理，结果自然很难有什么突破。实际上，我们所习惯的思维方式就像一堵墙，坚持朝前走难免碰壁，但如果我们能转个方向，试着向旁边走几步，说不定就能做出别人意想不到的事，进而找到一条通往成功的捷径。

第三，勇于怀疑自己。现在社会上很多事情都被格式化、程序化了，于是造成一部分人思维模式定型，思维方式僵化，再加上"敝帚自珍"的心理，我们很容易停留在自己已有的成就上。只要富有怀疑精神，勇于重新考虑，敢于怀疑昨天的老一套，善于根据不断变化的实际情况来改变自己的策略，一定能够找到不止一条跳出困境的出路。

第四，对目标不断检查，对不当之处及时调整。初期，由于存在大量风险及不确定因素，要对一个项目的目标、预算、激励等作出非常正确的评估难度是极大的。当我们无法获得准确全面的反馈信息时，往往会让自己陷入经验的误区。因此，我们要在过程中不断地对目标进行检查，并及时就不当之处进行调整。它既是务实的，又是灵活的。

第五，持续更新自己的知识库。生命如河流滚滚向前。每天不断地自我改造与前进，才是生命力旺盛的源泉。知识也一样，新的知识带来新的认识，我们每个人，都必须始终拥有学习的热情，在走出校门后继续学习，保持终身学习的习惯，才可能在社会进步的同时，不至于被时代所抛弃。

实际上，之所以有的人能够青出于蓝而胜于蓝，长江后浪推前浪，就是因为他们能跟上变化。在新的环境中，变化者自身会成为无可替代的个体。所以，身处竞争激烈的社会，老是想着以前怎么样是不明智的，要多看看现在，多问问自己：我变了没有？

第五章

协作与沟通的底层逻辑

协作与沟通，靠的不只是各式各样所谓的"话术"，而是"话术"背后，那些对人性的揭露和概括。深刻钻研人性的需求，认真了解语言背后的底层逻辑，才是我们最应该去做的。

团队的底层逻辑：共赢+分工+协作

一个和尚挑水吃，两个和尚抬水吃，三个和尚没水吃的故事，想必大家都听过吧：

从前有座山，山上有座庙，庙里有个小和尚。白天小和尚挑水、念经、敲木鱼，给观音菩萨案桌上的净瓶添水；夜里不让老鼠偷东西。生活过得安稳自在。

没多久，来了一个高个儿和尚。他一到庙里，就把半缸水喝光了。小和尚叫他去挑水，高个儿和尚心想，一个人去挑水太吃亏了，便要小和尚和他一起去抬水。两个人抬一桶水，而且水桶必须放在扁担的中间，两人才都觉得公平。这样总算还有水喝。

后来，又来了一个胖和尚。他也想喝水，但缸里没水。小和尚和高个儿和尚叫胖和尚自己去挑水。胖和尚挑来一担水，三个和尚抢着喝。此后，三个和尚谁也不去挑水，这样三人就没有水喝了。

他们各念各的经，各敲各的木鱼，夜里老鼠出来偷东西，谁也不管。有一次，老鼠打翻了烛台，燃起了大火，三个和尚一起奋力把大火扑灭了，人也觉醒了。三个和尚从此齐心协力，两个人抬水，一个人往缸里倒水。后来，他们开动脑筋，安装了滑轮提水机，这样水就源源不断地获得供应了，再也不用为挑水发愁了。

从这个故事中，我们可以悟出很多道理，得到的最重要的结论就是团队需要合作。

如今，团队精神的重要性已无须赘述。我们缺乏的实际上是一种放之四海而皆准的方法论，可以应用于任何一个团队中，并能获

第五章 >> 协作与沟通的底层逻辑

得一个理想的结果。

答案必然从团队建设的底层逻辑中来。遗憾的是，现实生活中，大多数人只是以模仿的形式，学习一个甚至十个团队的管理模式、方法，却没有升华到理论层面上来，实际上就是缺少对团队建设底层逻辑的认知。

我们首先要明白什么是团队。团队，基本的定义是一群有着共同目标的人，打个比方，一群人一起乘坐电梯，这种情况下他们不是团队，但是如果电梯突然坏了，这些人被困电梯里，要尽快逃离，这种情况下，这一群人由于有了共同目标就变成了团队。

但仅仅有共同目标还不行，否则就会出现"三个和尚没水吃"的情况。在很多公司和团队中，成员们表面上有共同目标，但却无法拧成一股绳，各怀心腹事，太多个人或小组的利益冲突，给团队合作带来了危机。这其实也就是我们要说的团队建设的第一个要素：共赢，这是团队存在的基础。如果目标只是对某个人或某部分人有好处的话，这个团队注定不会长久存在下去的。

而要想达到共赢的局面，就需要各成员充分发挥自己的优势。每个人都有自己的知识面，都有自己的智慧和经验，只有清晰的角色定位与分工，才能使团队迈向高效之路。这就是团队建设的第二个要素：分工。在蚂蚁庞大的家族中，有蚁后、雄蚁、工蚁和兵蚁四种不同类型。蚁后负责产卵繁衍后代，雄蚁主要职能就是和蚁后进行交配，工蚁负责建造蚁巢、寻找食物、喂养幼蚁等，而兵蚁则要肩负起保护整个蚂蚁群体的重任。不同类型的蚂蚁在团队中充分发挥各自的优势特长，才能让整个群体长期生存下去。人类社会也一样，对每个团队成员而言，只有做到分工明确，才能使团队取得成绩，获得发展。

但是，人与人的合作不是力气的简单相加。因为人的合作不是静止的，它更像方向各异的能量，互相推动时自然事半功倍，而相互抵触时则往往一事无成。这其实就是团队建设的第三个要素：协作。我们要认识到：个人的力量是很有限的。在一个团队里，做好一项工作，从来不是哪一个人的责任，而是各成员间相互配合的结果。

正如一位老板对他的员工们所说的那样："这个世界是瞎子背着跛子共同前进的时代！共赢+分工+协作，才是一个团队的生存之道。唯有大家同心协力发挥团队的力量，才能让团队不断向前，个人也才有发挥才能的空间，也才有机会实现自己的理想与抱负。"

第五章 » 协作与沟通的底层逻辑

合作的核心是价值交换

生活中有这样一类人，他们平时看起来是很受欢迎的人，可是当他们需要帮助时，却又常常陷入孤立无援的境地。

这是为什么呢？

这个问题的本质就在于没有了解这个社会人际关系的本质。人与人之间的合作，其底层逻辑是价值的交换。这种交换同市场上的商品交换所遵循的原则一样，就是各取所需，互利共赢。

按照这个逻辑来看，在一个人没有能力时，不会被他人真正所需要，平时的受欢迎，也只是在没有利益冲突时的表面客气。

一个刚刚毕业的大学生，经过重重考验，终于入职了梦寐以求的公司。为了和周围的人搞好关系，她每天很早就来到公司，帮同事们擦干净桌子倒好茶，把公共邮箱里的资料整理好，需要打印的打印出来。另外，她对来自同事的要求几乎是有求必应，不管是修电脑还是复印材料，不管是取快递还是扔垃圾，只要同事开口，只要她能搞定，她就会满口答应，由此她有了很好的人气。对此，她很有成就感，她觉得同事们越来越离不开她了。

可是后来发生的一件事却让她困惑了。有一天，她生病无法上班，便打电话给办公室的同事，让对方帮忙把电脑里的资料发给主管，同事痛快地答应了。可是，第二天，她却被主管斥责，说她没有及时提交资料，拖延了项目进度。

直到她找到那个同事，那个同事才想起来，他忘记帮着发资料了。她有些生气：我把你们的事看得比自己的事都重要，可是你们不把我的事放在心上。更让她生气的是,同事们不问她病情如何,却责怪她一天没来,害得他们的饭都是自己去买的。

生气之余,她也真有些糊涂了,都说"以真心换真心",本应该对别人好,别人就会对自己好,现实怎么不是这么回事呀?

这就是职场"老好人"的悲哀,也是初入社交圈中的人很容易犯的一个错误,以为自己全心全意为对方付出,就会使关系更融洽、密切。殊不知,"真心换真心"并不是什么时候都有效的,价值交换才是永恒的主题,如果你对别人而言没有真正可用的价值,你再用心对别人也多半没有意义。

其实,我们每个人在工作和生活中本身都是具有自己独特优势的,但你的价值没有被别人看见,就好比美玉被埋在土里,你才会始终是一个被边缘化的人物。

尤其是在如今这个时代,一定程度上,能否争夺到人们的注意力变得空前重要,也就是要懂得所谓的"注意力经济"。不让人知道的才干和优点是没有意义的。你的价值只能在社会上得到实现,只能在被人承认时得到体现,所以,学会推销自己至关重要。

正所谓"酒香也怕巷子深",只有把自己拥有的东西展现出来,让别人看到,才有机会让它的价值得到实现。就像大导演张艺谋说的,拍电影的和卖电影的就像种萝卜的和卖萝卜的,卖萝卜比种萝卜更重要,不会卖,萝卜就烂在地里了,所有心血全白费了;会卖吧,萝卜种得不好也能卖出去。在中国,卖萝卜的水平、方法和观念一直很弱。我们必须会制造热点,提起观众兴趣,刺激观众心理,才有机会获得成功。

提升自我价值,让自己成为有价值的人,同时学会推销自己,让别人知道自己的价值,才可能从别人身上获得自己想要的价值,不管是物质上的,还是情感、认知、精神上的,这样的人际关系才能有更多的互动并保持长久。

沟通的底层逻辑：同频共振

不知道你有没有想过这个问题：为什么沟通困难多发生于男人和女人之间，父母与孩子之间，公司上下级之间呢？

找到了这个问题的答案，其实我们就找到了沟通的底层逻辑。

我们每个人在与人沟通的过程中，往往都会不由自主地陷入自己的思考模式中，男人有男人的思考模式、女人有女人的思考模式；大人会从自己的角度来思考，孩子也是从自己的角度来思考；而下级和上级思考问题的范围、角度、关注点等也不同。也就是说，大家不在一个频道上沟通，这样自然就会存在互相不理解的情况，无法获得满意的沟通效果。

当然，这世上没有谁和谁做事一开始就是"同频"的，每个生命体都有着属于自己的频率，但是在互相接触的过程中，通过协调频率，会逐渐达成一致，同频的情况就会发生。

要想找到对方的频率，实际上只需掌握一点——换位思考。

换位思考，是一种抽离出来观察自己、完善自己的批判性思维方法。说白了，就是自己的思考里是否有别人。但是，这并不是说，你站在对方的角度思考就是换位思考！你可以把你的身份从男人变成女人，从家长变成孩子，从老板变成员工，但这只是掌握了换位思考的形式，没有掌握其本质，这样的换位思考不够充分。除非，你能用别人的思维模式去思考，而不是换个位置用你自己的思维模式去理解对方。

举个例子：美国有一个叫克林顿的人，开了一个齿轮厂，生意一直很好，不过伴随一次经济危机的来袭，他的生意不可避免地一落千丈。克林顿想让朋友、老客户出点主意、帮帮忙，于是他写了很多信。可是，等信写好后他才发现，自己居然连买邮票的钱都拿不出。这件事提醒了克林顿，他想：自己都没钱买邮票了，别人的日子又能好到哪里去呢？可能没人舍得花钱买邮票给自己回信。可是，假如没有回信，自己又怎么能得到对方的信息呢？想到这里，克林顿有了主意，他变卖了家里的一些东西，用一部分钱买来了邮票，贴在要寄出的信上，并且在每封信里附上2美元，作为对方回信的邮资。

克林顿的朋友和客户在收到信后，十分吃惊，因为2美元能买到的东西比一张邮票多得多。大家都被感动了，他们记起了克林顿平日的种种好处和善举。很快，克林顿就拿到了一些订单，还有朋友来信说计划给他投资，一起做点儿什么。不久后，克林顿的生意就恢复了生机，克林顿也成了在那次经济萧条中，少数几个站住脚并且有所成就的企业家之一。

从对方的立场来看事情，去理解别人的想法、感受，以别人的心境来思考问题，这才是真正的换位思考。

很多时候，我们也试图这样去做，却常常达不到想要的效果，原因就在于我们的换位思考缺少了"移情"这个重要因素。我们或是站在自己的位置上去"猜想"别人的想法及感受，或是站在"一般人"的立场上去想别人"应该"有什么想法和感受，或是想当然地假设一种别人所谓的感受。这样的换位思考，其实仍局限于自己设定的小圈圈之中，无法真正感悟他人切身的感受和思想。举一个简单的例子：丈夫突发心脏病去世了，妻子料理完丧事，疲倦且悲伤地回到家后，开始面对亲友日复一日的关心询问："他是怎么死的？""怎么没有及时呼救？""之前你们夫妻吵过架吗？""天哪，怎么会发生这样的事！"还有"你要母兼父职，好好照顾小孩"等。

后来她看到"来人"就害怕起来,"我最需要的,是沉默的体谅,但却没有人给我"。她说。不可否认,这些人的出发点是关心,但对处于情绪低谷的女人,却造成了一种伤害。要从内心深处换位到他人的立场上去,要像感受自己一样去感受他人,才是真正的换位思考。

对此,有智者给我们四句建议:

第一句话,把自己当成别人。在你感到痛苦忧伤的时候,把自己当成别人,这样痛苦自然就减轻了;当你欣喜若狂之时,把自己当成别人,那些狂喜也会变得平和一些。

第二句话,把别人当成自己。真正同情别人的不幸,理解别人的需要,而且在别人需要帮助的时候给予恰当的帮助。

第三句话,把别人当成别人。充分尊重每个人的独立性,在任何情形下都不能侵犯他人的"核心领地"。

第四句话,把自己当成自己。你要爱别人,但首先要爱自己。

真正按照这四句话去做,去体会别人的感受,明白别人的需要,并恰当地给予,让他感受到你的关心、你的真诚、你的心意,双方才能建立起真正的沟通。

沟通的基础是信任

沟通的基础是信任。只有信任一个人,我们才会对其敞开心扉。试想,如果你要追求一个刚认识不久的女孩,告诉她跟你交往有多棒,她要是真的会当下答应你,那你反而应该怀疑她是否另有所图了。

一个人对他人的信任感,首先来源于对方的"自我暴露"。也就是说,一个人如果想要和别人建立比较密切的关系,一定程度的自我暴露是不可缺少的。这其实不难理解。例如,一个人的恋爱经历属于个人隐私,一般人只会对特别亲密的朋友说。如果你主动透露自己的隐私——"我从上学的时候就没有女人缘""真是不好意思,我曾经被甩过3次",这就等于向对方暗示:你很信任他。这样,对方也可能会敞开胸怀谈论自己的事——"我也是这样啊……"这会使你们的关系更近一层。

事实上,想想在日常生活中,最知心的朋友不也是知道我们秘密最多的朋友吗?毕竟人都不傻,都能直接地感觉到对方是出于需要,还是出于情感而和你来往。情感纽带下结成的关系,往往要比暂时的利益关系更加牢固。

当然,"自我暴露"也并不是越多越好。总是向别人喋喋不休地谈论自己,会被对方看作自我中心主义者。心理学家认为,理想的自我暴露是对少数亲密朋友做较多的暴露,而对一般朋友和其他人做中等程度的暴露。

信任感的另一个来源是守信。曾经有人在企业经理人员中做过一个问卷调查，题目有两个：第一个是"你最愿意结交什么样的人"；第二个是"你最不愿意结交什么样的人"。调查结果显示：在"最愿意结交"的人中，"正直诚信的人"排在了第一位；在"最不愿结交"的人中，"不正直不守信的人"排在了第一位。这充分说明了诚信在沟通中的重要性。

而要想给别人留下诚信的印象，首先是不要随便承诺。如果已经确定对方的某些需求自己无法给予满足，就不要随便承诺。现实生活中，许多人往往出于爱面子和怕得罪人的心理，在别人提出一些要求或者请求的时候，即使自己很忙，或者力有不逮，也往往要勉为其难，那个"不"字就是说不出口。结果，让自己陷入窘境当中，更重要的是，当你不管如何努力也达不到对方要求时，你也就失去了最基本的信誉，以后可能再也没有挽回他人信任的机会了。

对自己可以做到的事情，承诺时也要留有余地。比如，你是一名销售人员，如果你的企业能在接到通知之后 18 小时内提供售后维修服务，你可以对客户承诺 24 小时之内；如果维修人员接到电话后能在 2 小时内赶到，则可以承诺 3 小时之内赶到。这样做还有一个好处，就是会使客户的期望稍低于企业服务水准，而当你所提供的水准超越了他们的期望后，他们则会获得一种满足感。

最后，对自己承诺的事一定要努力兑现，这是成为一个诚信者的基本要求。在影视和文学作品中，我们经常会见到里面的人物发誓："我如果……就不得好死"；在现实生活中的一些重大场合，主办者或组织者也要求参与者郑重承诺："我宣誓，我志愿加入……""作为一名……我要……""我愿意……"等。这说明，承诺是一件非常严肃的事情，它不应是空头支票，不能只停留在口头上，而要落实到行动中。

对那些作出承诺却无法兑现的事情，一些人想当然地以为"只要对方不加以追究的话，就可以蒙混过关了"，这是一种侥幸心理。因为即使他人不加追究，可是对你的不满也已经形成了。这时，你除了及时道歉，并想办法加以补救外，别无他法。否则，对方的不满就会越积越深，最终达到难以调和的地步。

高效沟通离不开"编码"和"解码"

沟通，是人类行为的基础，很多人每一天都要与人频繁沟通，但沟通却并不是一件容易的事：

有时你觉得自己已经说得很清楚了，可对方的理解却南辕北辙；

有时你觉得自己明明是好心，结果却让彼此都受伤；

有时你觉得明明是一件小事，却为此付出了巨大的代价；

……

为什么会出现这样的情况呢？

这其实是一种常见的心理效应——"传播扭曲效应"，即一个人接收一则信息以后，往往不可能像发出者那样对信息有深刻的理解，多半加进了自己的思想。如果接收者与信息发出者存在利益上的对立，接收者就会在允许和可能的条件下，按照自己的利益取向，"修改"或针对性选择信息，特别是当接收的信息是对方用自己不熟悉的方式传达时，误解和错漏的可能性就会更大。这样，当一个看似完整的信息发出以后，信息失真的程度就不是发出者所能控制的，甚至到了接收者那边，可能就"面目全非"了。

也就是说，沟通并非等同于信息的传递，还需要看传递的效果。只有当信息的发出者和接收者对所传递的信息的理解是一致、准确、无误的时候，才能称作一次成功的沟通。

生活中，出现信息失真的情况，往往不是单方面的原因。人类语言的沟通过程，其实和计算机语言的"沟通"相似，也可以拆解为编码和解码两个过程。一个单向沟通模块里，信息发出者的表达对应的是编码过程,当这个信息传达给接收者,接收者的理解就是解码过程。任何一个环节出现问题,都会影响沟通效果。

当我们作为信息传递方时,在"编码"过程中,要尽量确保对方理解你要表达的意思。

有一个秀才去买柴,对卖柴的人说:"荷薪者过来!"卖柴的人听不懂"荷薪者"(担柴的人)三个字,但是听得懂"过来"两个字,于是把柴担到秀才前面。秀才问他:"其价如何?"卖柴的人听不太懂这句话,但是明白"价"的意思,于是就把价钱告诉秀才。秀才接着说:"外实而内虚,烟多而焰少,请损之。(你的木材外表是干的,里头却是湿的,燃烧起来,会浓烟多而火焰小,请减些价钱吧。)"卖柴的人听不懂秀才的话,于是担起柴转身离开了。

秀才没能买到柴,错就错在没有看清交流的对象,导致无法准确传达自己的意思。作为编码者,必须记住:你有责任以最有效的方式跟对方沟通,而不能企盼他们作出调整。

当我们作为信息接收方时,在"解码"的过程中,要想避免误解,最好的方式是提问+倾听。多提问题,从对方的回答中找到你需要的答案;认真倾听,保证听清对方传达的信息,然后作出回应。比如,你可以用一两句话来"综述"对方传达的信息,如"你是说……""你的意见是……""你想说的是……"等。这样的综述既能及时验证你对对方传递信息的理解程度,加深对其的印象,又能让对方感到你的诚意,并能帮助你随时纠正理解中的偏差。

更重要的是,从心理学角度而言,对方说话的过程中,你不时地点点头,偶尔提问,表示你重视谈话者的讲话内容,会使说话者受到鼓舞,从而更充分、完整地表达,而这不正是沟通所需要的吗?

第五章 >> 协作与沟通的底层逻辑

分歧性沟通：避免陷入争执

真正具有挑战性的沟通是包含分歧的沟通。对分歧性沟通，如何处理才能取得好的效果呢？

在回答这个问题之前，需要先了解一下沟通的目的。所有的沟通其实都是有目的的，哪怕是闲聊吹牛式的沟通。沟通的目的不外乎解决问题、达成共识与促进关系三种。如果每一次沟通都紧紧围绕着这三大目的来展开的话，那么不管双方的分歧有多大，都可以实现有效沟通，取得一定成果，哪怕只实现其中一个目的，也是不错的。

而要达成这三大目的，有一个底层的指导思想就是："避免陷入争执。"因为执拗的争论，实在是一场谁都不是赢家的赌局：赢也是败，输也是败。如果在争论中失败了，那就是失败了，如果在争论中获胜，那也还是失败。因为争辩的双方都以对方为"敌"，因此留给对方的印象往往都是不愉悦的。引用富兰克林的一句名言："如果你辩论、争抢、反驳，你或许会获得胜利。不过，这种胜利是十分空洞的，因为你永远得不到对方的好感。"

而避免引起争执的最好方法就是：不要正面反对别人的意见。每个人都应该懂得求同存异的道理，具体来说，有人给我们提出意见，如果不是恶意的，即便不赞同，但也不宜马上反驳，可以表示会认真考虑。

销售人员总会遇到挑剔的顾客，横挑鼻子竖挑眼，将你的商品贬得一文不值。他们常常会告诉你哪种鞋款式才是好的，价格"美丽",做工精致,说得头头是道,似乎他们是这方面的行家。在这个时候,你如果和他们争辩是没有丝毫用处的,他们这样说多半是为了用相对较低的价钱买你的鞋。而你也不是为了给你销售的鞋正名,而是解决问题,是成单。在明确的目的下,你不但不应该与他们争辩,反而还应该让他们占据上风。你可以恭维对方眼光很独到,会挑选东西,自己销售的鞋确有不足的地方,比如样式不新颖了,光泽度稍差了,等等,然后不要忘了说"不过",如,不过鞋跟很牢固,鞋面很柔软,走路的时候不会发出响声了……就是你在承认售卖的鞋有不足的同时,从另外的角度把它的优点夸赞一番,这样就可以令对方心动,或者说给对方一个台阶下。从对方的角度看,她费了这么多的心思挑毛病恰恰表明她有购买的意愿。

其实,即使是面对明显可以分清对错的事实问题,也没必要急着反驳。尽管古人流传下来许多警语——"良药苦口利于病,忠言逆耳利于行""口蜜腹剑非君子,防他背后暗伤人"——都是要人保持理性的清醒,尽量多听取一些逆耳忠言,但是,即使如此,人们还是愿意听到别人对自己正面的评价,人性的本质就是不愿意接受别人否定自己,即使是出自善意的指责和批评,往往也只会引起反感和抵触,所以"没理也要辩三分",稍有不慎,就陷入争执,彼此间的不满情绪就会滋生蔓延。更何况,证明别人错误的同时也并不能证明你就是正确的,对方的失败不代表你的成功。

我们完全可以通过使用适当的字词,影响或左右别人的情感和思想,既达到沟通的目的,又不招人讨厌,比如将"你应该"换成"我们能一起做","我不能"换成"我能做","当初如果"换成"未来我们要",等等。总之,使用开放而非封闭的句式,将自己融入对方所处的情境。如果发现对方理解出现偏差,要用上述中性词句纠正。如此,对方接收到的信息,所承受的刺激就会相应减弱,被拒绝所带来的冲击,也就不会那么强烈。

批评：宽容比惩戒更有效

不管是学习、工作还是生活，都难免出现错误和疏漏，双方由此会进入一种难度比较大的沟通层面——批评。

之所以说批评是沟通难度比较大的层面，是因为一直以来，批评都被认定为是指责，它给人的印象总是粗暴的训斥和严肃的面孔。

事实上，批评的本质不是把对方压垮，更不是整人，而是帮助对方成长；不是去伤害对方的感情，而是帮助他人把事情做得更好。

而如果要达到这样的效果，宽容比惩戒更有效。

法国作家拉·封丹写过这样一则寓言：在风的家族中，北风和南风一直较着劲儿，他们都觉得自己比对方厉害得多。有一天，北风和南风打赌，看谁能把行人身上的大衣"脱掉"。北风先施威，一股凛冽的寒风刮起。他是想通过更大的风把人的衣服吹掉，没想到行人为了抵御寒风侵袭，把身上的衣服裹得紧紧的。稍后，南风开始行动了，他徐徐吹动，行人很快觉得暖意融融，于是解开了纽扣，继而脱掉大衣。南风获得了胜利。南风之所以能达到目的，就是因为他顺应了人的内在需要，使人的行为变得自愿、主动。

同样的道理，我们在亲人、朋友或同事之间开展批评，也不应该采取我说你听，我压你服的"北风"方式，而应多采用"南风"方式，多疏导，做到晓之以理、动之以情，才能让事情取得良好的结果，所订立的目标才能不偏离方向。

所以，可以寓批评于褒扬之中，这就好比在苦口的"良药"之外包上一层"糖衣"，使听者顺利接受。身为领导者，在工作中，如发现同事、下属的想法和做法出现偏差，可以这么说："你的这些想法很不错，在条件具备的时候，一定能起到很好的作用。不过，现在咱们的条件不具备，你的想法可能无法实现，你是不是再斟酌斟酌，再策划一个更落地、更适合我们实际情况的方案？"这样既拉近了与对方的距离，也顾全了对方的自尊，会形成较好的沟通气氛，批评也就更容易被对方接受。

也可以用开玩笑的语气提出批评。比如，一个班上有不少男生最近开始迷上了抽烟。深谙教育心理的班主任知道，这是许多男生在发育期间追求"成人化"的表现，如果对其横加指责，只会造成师生对立。因此，在一次班会上，班主任没有点吸烟学生的名，只是说了这样一席话："今天我给大家讲讲吸烟的好处。第一大好处是吸烟引起咳嗽，晚上咳嗽更剧烈，可以吓退小偷；第二大好处是咳嗽导致驼背，可以节省布料……"以开玩笑的口吻进行批评，由于比较委婉，不会伤及面子，批评的话也就容易听进去。

还可以用宽容代替指责。因为当人们知道自己做错了事或闯了祸，通常会产生一种内疚感或恐慌感。这两种心态纠结在一起，会形成做错事后强大的心理压力，促使犯错者反省。不过这时，如果有人对其斥责或惩罚，反而会使犯错者找尽借口为自己辩护，而不是认错和反思。这时，用宽容代替指责，能促进犯错者自省，认识到自己的错误，从而达到教育的目的。

不过，宽容并不是放任自流，而是等犯错者受到"心理制裁"后，再顺势加以旁敲侧击的暗示、引导，使对方的心理由焦虑发展为对自己的动机、态度和行为的反省，进而醒悟自己的过错。

要注意的是，宽容是有限度的，也是分对象的，要清楚所要宽容的对象值不值得宽容，如果是那种对自己犯的错误认识不清的人，那就不适合一味宽容，可以宽容一次，但是要进行善意规劝，如果对方依旧我行我素，就不能再给予宽容，而应采取其他合适措施。

说服的本质是自我说服

很多人认为,说服就是用我的逻辑打败你的逻辑。但为什么即使你以事实为根据,依然无法保证百分之百说服对方?

这是因为,没有人喜欢被强迫,每个人都喜欢按照自己的意愿去做事,即便不一定是正确的。如果有人试图改变"我"的观念、看法或立场,"我"就视为受到了挑战。因此事情往往是,说服的理由越充分,对方就越觉得不开心,即便心里十分清楚是非,也会反驳到底。

因此,从这个角度看,说服的本质,其实是自我说服。我们观看一场演讲,觉得演讲者说的话很有道理,其实,不是他说服了你,只是他说出了你的心里话而已。

因此,当我们想让别人做某事时,比起将自己的意见强加于人,远不如把你的意见变成对方的意见或建议,这样你要对方做的事就变成了他自愿要做的事,这样做对事情的达成无疑是十分有利的。

威尔逊总统执政白宫期间,有一天,内阁成员赫斯去拜访他并试图说服他采取一项政策。但威尔逊总统只是大概听了听赫斯的理由和构想,就匆匆结束了会谈。而就在赫斯以为总统先生并不十分赞同这项政策时,威尔逊总统竟然在一次内阁会议中提及这项政策,并说那是他自己的意思。赫斯自然没有"揭穿"此事,反而当众大赞总统的睿智。因为赫斯在乎的是建议能否通过,而不在乎建议出自哪里。

这件事给了赫斯很大的启发,他说:"我……发觉改变他(总统）观点的最好方法，不是一次次的内阁会议，而是通过不经意的谈话将观念移植入他的心里，让他感兴趣，进而引发他自己去思考。"从那以后，赫斯每次有了新的政治构想，总是在与总统谈话间不经意地说出来，引导总统思索，得出他想要的结论。

潜移默化地把自己的意见"输送"给其他人，不仅可以有效地改变别人的看法，更重要的是，在改变别人看法的过程中，还让对方感受到了自己得出结论的快乐与满足，这样既达到了自己的目的，又促进了和对方的关系。这种做法的实际意义，从赫斯受到总统的重视程度上得到了体现。威尔逊总统很看重赫斯，经常将一些重大的事情交给赫斯负责。

那么，如何才能在沟通中实现从"你应该"到"我愿意"的转化呢？

第一步：找出动机。每一个人都为满足自己内心的一些需要而做事。如果你希望别人自愿做某事，那么，首先就应该了解别人内心的想法和愿望，甚至帮对方找出做某事的动机。

第二步：激发渴望。找到了可以让对方做事的动机，还必须激发出他做事的渴望。而要想激发出别人心甘情愿做事的强烈渴望，有效的方法之一，就是激发他获得某种利益或避开某种危害的渴望。

第三步：使他相信。有信任才有行动。被说服者是否接受意见，往往和他心目中对说服者是否信赖有关。说服者如果威望高，一贯言行可靠，或者平时两人关系好，可以信赖，那么接受对方意见的概率就高；反之，就有一种排斥心理。所以，作为说服者，平时要注重和对方良好关系的建立，要提升自己在对方心目中的地位。

一位父亲有一个爱吃甜食却不爱刷牙的孩子。父亲希望孩子每天自愿而不是在督促下刷牙，他是怎么做的呢？他为了使孩子相信刷牙的好处和不刷牙的危害，就带孩子到了牙病防治所，看了一档关于残留在口腔中的食物变成细菌，而后腐蚀牙齿使人无法再继续享受美食的教育节目。看过后，孩子每天不再用督促而是自觉地刷牙了。

总之，想要让对方做的事变成他自愿要做的事，就不要谈你所需要的，而是谈他所需要的，教他怎么去得到。要努力探察别人的观点并且在他心里引起对某项事物迫切需要的愿望，在促使他行动的时候，最好也要让他觉得不是你的需要而是他自己的需要，这样他会有成就感，行动起来会更加积极、主动。

第六章
自我成长的底层逻辑

不同的思维方式，会让两个起点相同的人，踏上完全不一样的人生之路。所以，有时不是你的努力没有回报，而是指导你成长的思维方式正在等待更新。

个人成长需要一套可靠的逻辑

从出生到成人,是自然规律的体现。但是真正的成长,不仅是年龄的增长,还是内在的成长,由内而外地更新。从某种意义上来说,人去发现和发展自己内在的这个世界,才是人生真正的成长。对外部世界的探索和发现,也不过是用来构建和丰富自己的内在世界。所以,很多时候,真的不是你的努力没有回报,而是你的内在世界的更新处于停止状态。

两个来自农村的人外出打工,一个打算去上海,一个准备去北京。可是就在候车厅等车的时候,他们各自又都改变了主意,因为他们听到邻座的人议论:上海人精明,外地人问路都收费;北京人质朴,见了吃不上饭的人,不仅给馒头,还送衣服。那个想去上海打工的人想:还是北京好啊,挣不到钱也饿不死。而那个打算去北京打工的人想:还是上海好,给人带路都能挣到钱,还有什么不能挣钱的?

两个人交换了车票,准备去上海的人去了北京,准备去北京的人去了上海。去了北京的那个人,发现北京果然好,因为他初到北京的第一个月,什么都没干,竟然没有饿着。不仅银行大厅里的太空水可以白喝,而且大商场里欢迎品尝的点心也可以白吃。而去上海的那个人,发现上海果然是一个可以让人发财的城市。他只要想点办法,再花点力气,干什么都可以赚钱——带路可以赚钱,看厕所可以赚钱,甚至弄盆凉水给人洗脸都可以赚钱!在走街串巷中,他发现了新的商机,于是他办起一个小型的清洗公司,专门擦洗商店楼面的招牌。经过几年的打拼,他的公司规模不断扩大,他准备将业务拓展到北京。

在北京车站,一个捡破烂的人向他要一只空啤酒瓶。递瓶时,两个都愣住了,因为他们同时发现:几年前,两人曾交换过车票,而对方就是和自己换车票的人!

这两个人,一人积极上进,勇于面对挑战,最终发家致富,改变了命运。另一人不敢面对挑战,消极认命,最终沦为乞丐,对比起来,两人的差别实在是太大了。

让他们作出不同选择的是他们的思维。我们每个人的行为都是自己思维的产物,你生活的方式、工作的选择,以及处理问题的方法,都是由你的思维决定的。

虽然人的成长涵盖了方方面面,每个人的性情也千差万别,生活的际遇与环境也截然不同,但绝大多数人的成长路径却是相似的。而又是什么决定我们的成长路径呢?是我们做事的底层逻辑,是我们对事物的认知,决定了我们的选择,决定了我们的行为。它就像一支看不见的指挥棒,指挥和操控着我们的一切。我们的物质财富、精神财富、健康财富与我们的高矮胖瘦、出身贫富、学历高低,实际上都没有绝对的关系,却与我们的底层逻辑息息相关。

因此,要想成长为一个优秀的人,谋得人生圆满,就要找到一套可靠的、符合自己实际情况的逻辑,并以此来指导自己的工作和生活。

看懂人生成长曲线图

我们先来看看一个人的人生成长轨迹：

1816年（7岁），全家被赶出居住地。

1818年（9岁），年仅34岁的母亲不幸去世。

1831年（22岁），经商失败。

1832年（23岁），竞选州议员落选。想进法学院学法律，未获入学资格。

1833年（24岁），向朋友借钱经商，当年年底破产。

1834年（25岁），再次竞选州议员，成功入选。

1835年（26岁），订婚后即将结婚时，未婚妻离世。

1836年（27岁），卧病在床6个月。

1838年（29岁），争取成为州议员发言人，没有成功。

1840年（31岁），争取成为被选举人，落选。

1843年（34岁），参加国会大选，落选。

1846年（37岁），再次参加国会大选，当选。

1848年（39岁），寻求国会议员连任，失败。

1849年（40岁），想在自己的州内担任土地局长，被拒绝。

1854年（45岁），竞选州参议员，落选。

1856年（47岁），在共和党的全国代表大会上争取副总统提名，得票不到100张。

1858年（49岁），再度参选州参议员，再度落选。

1860年（51岁），当选美国第16届总统，并成为历史上最伟大的总统之一。

你肯定猜到了，没错，这张人生轨迹图的拥有者就是林肯。两次经商两次失败，十一次竞选八次失败。不断跌倒，又不断爬起。

几乎每一个人都希望自己的人生一帆风顺，但事实上，这是不可能的。纵观人类社会的发展进程，会发现这是一条波折向前的曲线，经历了一次又一次的打击、挫折，却又始终保持向前。

如何看待失败，如何攻克失败这道难关，是衡量一个人最终是否能从渺小走向伟大、从失意走向成功的重要标志。正如作家克里斯多夫摩雷所说的："大人物只是屡败屡战的小人物而已。"

严格来说，世界上根本没有什么所谓的失败，除非你自己如此认定。那种经常被视为失败的事，实际上也只不过是暂时性的挫折而已。许多人往往不能正确看待表面上的失败。在他们看来，要么失败，要么成功；既然失败了，那就不会成功。而事实上，对事情并不能作"要么成功，要么失败"的简单划分，介于"失败"和"成功"之间的情况是无穷无尽的，"我失败了三次"和"我是个失败者"有着天壤之别。现实生活中，我们会发现，许多成就卓著的人很少使用"失败"二字，他们更喜欢使用"过失""错误"或"不良结果"等词汇来表述暂时的受挫。

所以，当你身处人生低谷时，不要本能地为自己贴上"失败者"的标签。你怎样描述自己，你很可能就会变成那个样子。反复多次地自称失败者，不但让成功越来越远，还会让自己的心灵受到极大的损伤。

与之相对的，是那些能够在低处经营好自己的人，他们往往能到达人生的高处。

需要注意的是，当我们处于人生高峰时，需要保持清醒。因为登顶之后就要走下坡路了。人不能永远停在高峰。还记得"反诈老陈"吧，2021年9月的一次直播，让他进入了人生的高光时刻。其他主播连麦,不管对方人气多高,在他面前都毕恭毕敬。"牛鬼蛇神"撞上"正道之光"的情节,吸引了很多吃瓜群众。"你下载国家反诈中心 App 了吗?"一时成为网络流行语。默默无闻的老陈一夜爆红,影响力激增。他开始频繁接受采访。在"3·15"晚会、卫视春晚《王牌对王牌》等节目中都宣传过反诈知识。然而,有光即有影。收礼物、辞职、连线时做不雅动作等一系列操作,让昔日曾经辉煌的老陈在下坡路上越走越快。老陈的翻车,正是因为在荣誉面前没有把握住自己。纵然有种种外部因素,但根本原因还是他自己"飘了"。

很多时候,我们很难在敬仰夹杂羡慕的目光中保持冷静,但却不得不这样做。因为在我们的头顶上,除了聚光灯外,还悬着一把"达摩克利斯之剑"。相传迪奥尼修斯国王邀请他贪婪的大臣达摩克利斯坐在自己的宝座之上掌管王权,达摩克利斯却发现宝座上方有把用一根马鬃悬系的寒光闪闪的利剑,他吓得仓皇而逃。迪奥尼修斯国王是在用这把剑告诉他:国王的幸福和安乐都是假象,巨大的财富和权力背后有着巨大的责任和危险。

身处低谷不颓废,一帆风顺不得意,这个很朴素的道理,恰恰是人生之路的基石,我们要始终用这条逻辑指导自己的人生之路,才不会迷失。

生命的密码：与熵增对抗

熵增，是一个物理学名词。在物理学上，一个孤立的系统的熵值是持续增加的。这个基本的定律被称为"熵增定律"。事实上，一切生命都会受到"熵增"的影响。清华大学吴国盛教授曾说：如果物理学只能留一条定律，那我会选择熵增定律。

如果我们任由"熵增定律"在我们的生命中发展下去，会得到如下结果：人越活越复杂而越复杂就越难作出正确抉择。如果任由这种趋势发展，我们会被越来越多的信息所淹没，最终无法行动。因为熵增的本质就是所有事物都在向着无序发展。比如屋子不收拾会变乱，手机不清理会越来越卡，线团会越缠越乱，热水会慢慢变凉……如果我们不能作出有效处理，那么混乱自然也迟早会出现在我们身上，这是必然的结果。

那么，如何才能与这个"令人绝望的定律"对抗呢？

如果在万事万物中找寻它的底层逻辑，我们会发现，一切符合熵增的事物或环境，都容易让人"上瘾"和感觉舒适。比如：上班中，你感觉有些无聊，想"摸鱼"的想法瞬间占据了你的大脑；你不想运动了，马上感觉身体很沉重……这些都是"熵增定律"的具体体现。

能与熵增抗衡的，是我们的自律！或者叫自我约束力。就是在该做某事的时候，不管喜欢不喜欢，愿意不愿意，都要行动起来。与其说这是一种能力，还不如说是一种意识、一种态度、一种意志。它要求你在被迫行动前，有勇气面对你不愿做的事或问题。

当然，这个过程是非常痛苦的，它需要你：

克服自己的怠惰。打个比方，刷牙洗脸是每天必须做的事情，有一天你回家感觉很累，不愿洗脸刷牙，想马上上床睡觉，这是在顺应熵增的要求；而如果你努力克服身体上的疲惫，坚持洗漱后休息，这是你自律的表现。

"走出"舒适区。人一定程度上都是好逸恶劳的，但安逸和危机是相伴相随的，安逸令人舒适，却是有危险的。如果贪图安逸，那危机可能就会来临。如果你要摆脱危机，那就需要你挑战安逸，从安逸的环境中"走"出来。

与自己的欲望作斗争。满足欲望是人性的需求，但纵容自己的欲望绝不是件好事，它会使你失去理智，模糊你追求的目标。如贪玩、好赌等这些致命性弱点，你如做不到坦诚面对，尽力节制，而纵容自己在里面寻求满足，那么必将给自己带来麻烦，甚至灾难。应对的方法之一，是在想放纵自己的时候，多坚持工作五分钟。如果这次能做到，那下次就努力坚持六分钟。每次要分心的时候就这样做。这样一来，自律意识就会不断得到增强。

控制自己的情绪。放纵喜怒哀乐的情绪，除了会影响别人的情绪之外，也会改变别人对你的态度。而自律的人，即使在情绪非常激动时也可以按理智判断行事。俄国著名作家屠格涅夫劝人在吵架将要发生时，把舌头在嘴里转上10圈，以此提醒自己慎重行事。不管采取哪种方式，只要能做到保持情绪稳定，避免冲动，就战胜了自己。

这个世界上，没有什么东西能够真正改变你（熵增定律也不行），只有你自己能改变自己，你想把自己变成什么样，你就能把自己变成什么样。

站在现在，安排未来

站在现在，安排未来，其实就是规划。大到国家（比如"十四五"规划），小到单位（年度规划、月度计划以及周计划等），做规划都是一件很重要的事情，但是到了个人身上，我们往往就不那么重视它了。

可是，你不重视它，它就会用事实证明你错了。

哈佛大学曾就此做过一项调查：一群即将从哈佛大学毕业的、意气风发的天之骄子，在智力、学历、环境条件上都相差无几。临出校门前，调查组的工作人员对他们进行了一次关于人生目标的调查，结果是这样的：27%的人没有目标；60%的人目标模糊；10%的人有清晰的短期目标；3%的人有清晰而长远的目标。

25年后，工作人员对这群学生进行了跟踪调查，结果发现：3%有清晰而长远目标的人，25年间他们朝着一个方向不懈努力，现如今几乎都成为社会各界的成功人士，其中不乏行业领袖、社会精英；10%有短期清晰目标的人，他们的短期目标多半得到实现，成为各个领域中的专业人士，且大都生活在社会的中上层；60%目标模糊的人，工作与生活还算安稳，但没有什么特别成绩，多生活在社会中下层；27%没有目标的人，生活很不如意，多处于贫困边缘，喜欢抱怨他人、抱怨社会、抱怨这个"不肯给他们机会"的世界。

何以出现如此大的差别？实际上，他们之间的差别仅仅在于：25年前，他们中的一些人知道自己想干什么，该干什么，而另一些人则不清楚或不是很清楚，自己将来要干什么、能干什么。从中，我们看到了规划的重要性——没有规划的人往往被生活"规划"掉，而用心规划人生的人更容易被生活所接纳。

现在许多年轻人，话一出口总是："我很迷茫……""我后悔了……""如果时间重来，我一定会……"，还有一些年轻人，则是在身边"过来人"的规划下一路走来的，从求学到工作，再到如今的恋爱、婚姻，父母当参谋、定方向已然成为常态。久而久之，很多人甚至索性就躺在了父母的"规划"上乐享其成。然而，儿时依赖父母规划，走进社会懒得规划的弊端正在发酵：做事不讲逻辑，遇事茫然无措，动辄意气用事……不管是没有规划的，还是依赖他人为自己规划的，人生多半不如意。如果你不想这样，就应该尽早给自己的人生来一次长远又合理的规划。

做规划，说起来简单，做起来困难。你也许有许多浪漫的想法，比如喜欢旅行，但是，你却无法依靠旅行生活；你也许对音乐着迷，但是你要看看走相关之路是否适合自己。虽然说规划没有一个绝对的标准，但仅凭兴趣爱好作出决定，却不是明智之举。我们要找寻一个符合自己兴趣和发展机会的平衡点，可以在笔记本上：

——将自己所有的爱好和兴趣列出来，这个名单可能很长；

——将它们按自己偏好的程度进行排序；

——将位居末尾的几项去掉；

——将能够选择的职业列出来，这个名单也可能很长；

——将它们按市场价值排序；

——将位居末尾的几项去掉；

——将这两项列表进行对比，找到一些共同的内容。幸运的话，共同点可能很多；

——将共同点单列出来，再做第二轮的筛选。

如果你经过冷静的思考，在了解了所选择的职业，包括可能要经历的困难后，仍然对它充满热爱，觉得自己适合它，那么就选择它吧！既然做到了不受热情的欺骗，也不会仓促行事，那极有可能会创造出一个属于自己的精彩人生。

坚持的动力来自哪里?

坚持对于成功的重要性,无疑是十分重要的。实际上它从另一方面也说明了坚持的困难程度,不难的持续性行为叫享受,而不是坚持。

那么坚持为什么会这么难呢?除上文提到的目标不适合、意志力不够强之外,还有没有足够的耐心、缺乏足够的勇气面对困难,等等,都让坚持很难,但这些其实都还没说到根源上。

你可以反过来想一想:坚持的动力来自哪里?

一定程度上,人的本性决定着,当看到一件事有了希望才能越干越有劲儿。几乎没有任何事物能够超过希望对于人的感召所带来的影响,哪怕"困难"和"单调"不断企图扼杀你的梦想,你依然能够发现自己梦想里的激励力量。

那希望是什么呢?

美国作家欧·亨利在他的小说《最后一片叶子》里讲了这样一个故事:病房里,一个生命垂危的病人在房间里注视着窗外的一棵树。秋风中,树上的叶子一片片掉落下来。病人望着眼前的萧萧落叶,他的身体每况愈下,一天不如一天。他说:"当树叶全部掉光时,我也就要死了。"一位老画家得知后,用彩笔画了一片叶脉青翠的树叶挂在树枝上,看着这片始终没有掉落的绿叶,那位病人竟奇迹般地活了下来。

其实,让这个生命垂危的病人生存下来的就是希望。它像一盏小小的灯,让我们在苦难中看到光明和美好。它帮助我们在内心产生一种力量，让我们相信眼前的不如意很快就能过去。

实际上，许多劫后余生的人都有相似的心路历程。美国一家电视台曾经录制了一期别开生面的谈话节目。导演请来的嘉宾都是曾经有过遇险经历的人，有人是在沙漠中迷路十几天后获救的；有人是在地震时被困乱石中，在快渴死的时候被解救的；还有人遭遇过海啸、泥石流等灾害。这些劫后余生的人有一个共通点，那就是：面对灾难时，努力寻找希望，反复告诉自己再坚持一下。而奇迹，最终在死神到来之前来到了。

成功学大师拿破仑·希尔说："没有任何东西能够换取希望对于人的价值。当我们面对失败的时候，当我们面对重大灾难的时候，我们都应该将人生寄托于希望，希望能够使我们淡忘自己的痛苦，为我们汲取继续走向成功的力量。"

想想我们做过的事，从事情的开始到事情的终了，整个过程中，最开始时充满期望和喜悦，接着会有很多困难和挫折，在这个阶段普通人与杰出的人是没有多大差别的，然而，往往到最后那一刻，二者的差距便会显现出来。普通人也很努力，但却常常因无法看到成功的希望放弃坚持；而杰出的人则始终让自己脑中希望的"小火苗"不熄灭，并持续努力，坚持到最后，最终迎来了胜利。

这个"小火苗"可以是一个人。假如没有一个信心十足的妻子苏菲亚，我们也许就不会知道美国大文豪霍桑。当霍桑回家后伤心地告诉太太，他丢掉了海关职员的工作，他是一个失败者时。妻子却很高兴地说："现在，你可以写你的书了！"在希望的感召下，美国文学史上一本伟大的小说《红字》诞生了。

希望也可以是一次微小的成功。美国最有名的拳击运动教练哈利斯曾坦言，自己就是运用这种方法将麦加芬成功地训练成了一名轻量级拳击运动的世界纪录保持者的。他说："慎重地选择和他比赛的对手是获得成功的关键。任何人在任何事上要取得成功都应是这样的。我让麦加芬先和比较容易战胜的对手较量,这样一个一个比下去,每次挑选的对手,都不会使他很难取胜,这样有利于他自信心的培养和建立。不过,我每次总会把对手的水平比前一个提高一些,每一次取得的胜利比上一次都要难一点,这样,他在每次比赛中都能够有所收获。"

希望还可能只是内心对未来生活的美好憧憬,也许只是你为自己描绘的一幅美景……其实,希望是什么并不重要,重要的是,它能够支撑我们在任何时候都能坚定地走向未来。

所以,不管做任何事情,当你觉得自己难以坚持的时候,都请给自己一个希望,不论大小,只要始终抱有希望,去期待、去坚持、去实现,生命必将变得美好而有意义。

有比较，才有进步

身处喧嚣的人海之中，任谁也摆脱不了比较。有比较，才会显出差距，知道了差距，才会进步，但它却常常被认为是一种消极的心态而被加以抵制。

事实上，比较，除了可以带来自卑、羡慕、嫉妒外，也可以是进步的原动力，它在很大程度上可以用于自我评价、自我改进和自我提高。

因为人们普遍有一种"希望自己比别人好"的向上内驱力，人人都渴望成为那个优秀的、自己所在群体中较高水平的人。如果没有向上的比较，你周围都是与你在同等层次，甚至各方面都不如你的人，你就会产生一种自己最优秀的感觉，很难知道自己的不足，不知道不足，也就自然很难取得进步。当你通过比较，认识到自己的实际水平以及在群体中的地位不是很优越时，也就相应找到了差距和努力的方向。

美国有一名叫阿瑟·华卡的农家少年，在杂志上读了一些大企业家的传奇故事，很想知道得更详细些，同时希望得到他们对后来者的忠告。于是在这个想法的驱动下，有一天，他独自一人来到纽约，也不管对方几点办公，早上7点就到了威廉·亚斯达的事务所。

在第二间房子里，华卡立刻认出了面前体格结实、长着一对浓眉的人就是他的偶像威廉·亚斯达。亚斯达一开始觉得眼前这鲁莽的少年有点讨厌，然而一听少年问他："我很想知道，我怎样才能赚得百万美元？"他的表情变得柔和起来。两个人谈了一个小时。

在华卡离开时,亚斯达告诉他该去访问哪些业界名人。华卡在亚斯达的指导下,成功拜访了一众做出成就的企业家。

在赚钱方面,华卡所得到的忠告并不见得对他有实质性的帮助,但是能得到成功者的指导,让他很高兴,也很自豪。他开始效仿他们的做法。过了两年,24岁的华卡成为一家农业机械厂的总经理,又过了5年,他如愿以偿地成了百万富翁。

我想每个人都会承认,世界上总有比我们更成功的人。而不同的人在看到别人比自己更成功时,会有不同的心态,而这种种不同的心态,往往又反过来影响我们的思想和行为。

如果你嫉妒他人的成功,心理就容易失衡,那么事情往往会是以损人开始,以害己告终。例如,在《三国演义》中,东吴大将周瑜是何等的英雄气概、雄才伟略,人中龙凤,但他却偏偏要妒忌诸葛亮之才,千方百计要害死诸葛亮,结果对方没事,自己却因此早逝。

相反,如果你心境平和地接受他人的成功与幸运,并深入观察和思考别人为什么会成功,然后潜心琢磨和借鉴他人成功的方法,你就会从中感悟到许多有价值的东西,也有可能从昔日的追兵,成为今日的标兵。

简单来说,你可以选择在别人的辉煌里自暴自弃,也可以选择奋起直追成为别人的榜样。如何抉择,是否成功,全在于你。

成长需要"破旧立新"

有人做过这样一个有趣的实验:把六只蜜蜂和六只苍蝇装进一个玻璃瓶中,瓶口打开,然后将瓶子平放,瓶底朝着窗户,猜猜会发生什么情况?实验中,蜜蜂不停地想在瓶底上找到出口,一直到它们力竭;而苍蝇则会在不到两分钟时间内,穿过另一端的瓶口逃之夭夭。

为什么会这样呢?这是因为蜜蜂一直以来对光亮有非同寻常的喜爱,这让它们以为,"囚室"的出口必然在光线最明亮的地方,所以它们不停地重复着看似合乎逻辑的行动,却由此走上了灭亡之路。然而苍蝇则只顾想法儿逃命,四下乱飞,结果误打误撞地碰上了"好运气",由此获得自由和新生。

我们很多人的人生,不也如此吗?人在一定的环境中工作和生活,久而久之,就会像蜜蜂一样形成一种固定的思维模式,使我们习惯于以固定的角度来观察、思考事情,以固定的方式来接受事物。这种习惯会束缚人的思维,使思维按照固有的思考路径展开。虽然它有时可以使我们在从事某些活动时获得便捷,可以节省很多时间和精力(因为有现成的依赖参照物,可以减少对事物的"思考成本"),但很多时候,它也会束缚我们,让我们只想到用常规方法去解决问题,而不寻求其他"路径"突破,也由此给解决问题带来消极影响。

要知道,成功,不仅需要"山重水复疑无路,柳暗花明又一村"的持之以恒,也需要一点"运气"成分——即"不识庐山真面目,只缘身在此山中"的幡然醒悟,和"横看成岭侧成峰,远近高低各不同"的多角度思维，幸运之神更偏爱有头脑、会思考的人。

有一个男孩，吃饭挑食，愿意吃的多吃几口，不愿意吃的一口不吃，因此比同龄人显得瘦弱，对此，父母一直没有找到好的解决办法。父亲时常琢磨："孩子要的是什么？我怎样才能把我所要的变成他所要的？"小男孩有一部三轮车，他喜欢在家门口的人行道上骑。附近住着一个大男孩，常常把他从车上拉下来，把车抢去骑。每当小男孩哭叫着跑回去告诉母亲，母亲总是立刻出来，把那个大孩子拉下来，再把她的小孩抱上去。孩子要的是什么？他的自尊，他的愤怒，会驱使他采取行动。因此他父亲对他说，有一天他可以把那个大男孩打得落花流水时，就不用再担心自己的车被抢了。而要想把对方打败，他需要强大，要有力气，如果他愿意吃饭，不再挑食，他就可以很快强大起来，就可以把那个常抢他三轮车的小霸王痛揍一顿。小男孩听后，默默点头。

其实这个父亲的思维方式，就是典型的底层逻辑思维。他跳出了原有思维活动的路径，从孩子挑食的底层逻辑出发，最终成功解决了问题。

现实生活中，人们总是习惯于依照固有的思维路径思考事情，因为经历过的事情会形成方法论，形成一定的认知。但是却不知道，一切都在变化，经验不是万用万灵的，我们要分清什么样的经验可用，什么样的事情不能按照经验来决策。当你正被困在一个看似走投无路的境地，或者正囿于一种两难选择之间时，试着打破固有的思维模式，从事物的底层逻辑出发，以不变应万变，也许会有新的发现，会找到不止一条走出困境的出路。

人的思维空间是无穷大的，像曲别针一样，有亿万种可能的变化。走出定势思维的旋涡，也许未必会马上让人成功，但换个角度看问题，一定会带来新的启发，情况也许就会改观。

对舒适圈：跳出 or 扩大？

刘润老师在他的著作里说："当你一直处于舒适圈时，你周围都是与你在同等层次，甚至没有你优秀的人，你会产生一种自己最优秀的感觉。而如果对外界没有认知，就很难知道自己的不足。"

的确如此，舒适圈造就的假象，会把沉浸其中的人的潜力一点点削弱、淡化。但问题是，这个舒适圈，很多人不知道是要跳出去，还是把它扩大些。

作出结论之前，我们先来看看什么是舒适圈。舒适圈，顾名思义，就是让你感到安逸、舒适、轻松、有掌控感的一个圈子、一个区域。也就是说，你处在熟悉的人和环境当中，用习惯的方式做你擅长的事情。它可以帮助我们节省很多精力，但同时因为没有变化、没有挑战，也会让我们难以进步。

如果从舒适圈跳出去，要有改变现状的勇气，但跳出去的结果不可知、不可控，因为在"圈"外会遇到什么人、什么事，没人能够给出准确答案。要么成功找到新的模式，要么耗尽心力却没有找到合适的圈层，这时它就是一次失败的尝试。当然，如果喜欢冒险，喜欢冲破原有圈层获得新鲜体验则另当别论。

而如果选择扩大舒适圈则会如何呢？事实证明，它是一种更保险、也更负责的方式。选择扩大舒适圈，往往是不断思考现在的生活和当前的境遇，并基于这些因素进行有益的、微小的改变，最终一点点拓宽自己活动领域。

其实，在这个世界上，我们每个人都是独一无二的，人人都有自己的优势才能，也都有自己的最佳发展区。古人说，智者有所不虑，巧者有所不为。人最不应该做的事情之一就是抛开优势去补短，也就是说我们应该去想办法发挥自己的天赋，即扬长避短。就如韩信，不必去学耕地；诸葛亮不必会经商；陈景润，又何须左右逢源八面玲珑呢？只有处于"舒适圈"中，我们才有机会将自己的优势扩大，谋求更大的发展。

现实生活中，大部分人之所以纷纷喊着跳出舒适圈，往往是盲目跟风，看到大家都在忙、都在进步，担心自己被别人落下，也不得不跟着跳。但既缺乏独立思考能力，又不根据自己的实际情况作决策，后果可想而知，前方不知有多少坑呢。

是蔷薇，就没有必要强求自己成为玫瑰；是麻雀，就不要强求自己成为凤凰。从一定角度看，好的成长其实是始终游走在"舒适圈边缘"。作家蔡澜说："把自己已经取得的成绩和生活习惯妖魔化，真的是这个时代的悲哀。"

如果你选择跳出舒适圈，是基于你的实际情况，比如，你的舒适圈并不能让你感到舒适、你的舒适圈阻碍了你的发展，或者你对自己的人生有了新的规划……那么，可以在能力范围内进行尝试。如果你的舒适圈还有扩大的空间，可以通过时间的迁延性将量的改变积累成质的飞跃。事实已经证明，不断拓展舒适圈的边缘，把擅长的领域不断扩大，将学习圈慢慢变成舒适圈，这样循序渐进的成长，是最有效且能持续的。

你的底气源自自我悦纳

自我悦纳，即心甘情愿接受自己的一切并真心喜爱，这是一个人健康、成熟的标志之一，也是一切利他的思想、语言和行为的开端。因为只有爱自己，才能爱别人，才能爱世界，也才可能有真正的欢喜、安定和无畏，才可能有广阔的胸襟。

也许有人觉得这个逻辑毫无意义，我就是很爱自己啊！

但是，你真的知道什么是自爱吗？

爱自己，不是为了满足自己某种欲望而不顾他人的自私自利；也不是在擦破的膝盖上贴个创可贴，然后自怨自艾；也不是对取得的成就沾沾自喜，遭遇一点点挫折就自暴自弃……

真正的爱自己，爱的应该是全部的自己、真实的自己。不管外表如何——美丽，平凡，抑或丑陋；不管能力如何——过人，平庸还是低人一等；不管性格如何——被人喜欢的，不被人喜欢的，等等，这些都是你的"组成部分"，你爱的便是由这些构成的一个独特的你：我就是这样的一个人，我接受这样的自己，不带批判，没有是非对错。一个人若能坦然做到这样，就会有多余的能量去温暖和照亮这个世界。

我们大多数人爱的其实都不是整个的自我。什么我太胖了，我太穷了，我太笨了，等等，这些常常成为我们自惭形秽的理由。这其实是一种不爱自己的表现。这种表现往往会让人从怀疑自己的能力到无法很好发挥自己的能力，从怯于与人交往到孤独地自我封闭。本来经过努力可以达成的目标，也可能会因认为"我不行"而放弃。

可是，当我们把目光转到那些看似完美的人身上时，便会有新的发现：上帝并不是对他们宠爱有加，让他们强壮有力。事实上，任何人不可能在各方面都优秀，人们都或多或少在某方面存在一定的缺陷和不足。如果用常人的理论和标准去衡量的话，他们身上的种种缺陷也十分严重，拿破仑矮小，林肯丑陋，罗斯福瘫痪，丘吉尔臃肿，哪一条不令人感到烦恼？

但人是可以认识自己、把握自我的。自我悦纳的人，能够实事求是地正确看待自己，也能正确理解和看待别人，不仅能认识到自己有缺点和毛病，同时更相信自己有能力和价值。他们不苛求完美，因为他们深知每个人的两重性是不易改变的。

当每个人都能以这种自我认识、彼此包容的思维意识考虑和解决问题时，就能从条件不足和不利的环境中解脱出来，不必藏拙，不怕露怯，而是集中精力去发掘自己的优势，或者增强自身的能力。当我们在不断地寻找自己、定位自己、调整自己的过程中，找到自己的优势时，也就找到了打开通向成功之门的钥匙。

事实上，如果你掌握了逆向思维，甚至还可能把缺点变成优点，加以展现和巧妙利用。美国内布拉斯加大学的一项研究显示："坏性格"可能会激发一些特殊才能。比如性格多疑的人，虽难以被他人接受，但他们观察细致、思维缜密，在从事一些烦琐任务时，往往做得很出色。天生攻击性强的人，虽然为人鲁莽、爱惹麻烦，但容易被调动积极情绪，适合当一名攻关的"开路先锋"。依赖性强的人，缺乏进取心，但他们作为助手却会让人觉得非常贴心，利于增强凝聚力。

所以，不论你之前自认为有多少缺点和不足，做了多少傻事、坏事或蠢事，从现在起，都停止对自己的挑剔和责备。学会自己爱自己，全面地认识自己，真诚地接纳自己。这种健康的、积极的自爱心理和良好的、公允的自我评价，会影响并指导你的行为，在学习、成长、择业与社交能力、选择配偶等方面，会增强你直面世界的底气。

第七章
情绪梳理的底层逻辑

一个人命运的好坏，与他的主观态度和心理定位有极大的关系——在很大程度上命运取决于我们自己而不是外在环境。通过左右自己的心灵来左右自己的行动，你就有机会改变环境，颠覆命运。

你控制情绪,还是情绪控制你

你经常被情绪控制,做出种种让自己后悔的愚蠢行为,还是能够自由调节它们,做情绪的主人呢?

遗憾的是,大部分人是前者。我们经常听到:某某考试,一个平时成绩不错的学生由于紧张,发挥失常,结果成绩平平,名落孙山;丈夫与妻子吵架,盛怒之下,开车撞死了妻子……生活中太多这样因情绪失控而造成的悲剧。如果任由这些情绪牵着人的鼻子走,常常会造成难以估量的后果。

也许你会说:"是的,我也明知这样不对,但就是压不住它!"如果你是这样理解的话,说明你并没有抓住情绪的本质。

情绪是感情的一种表征,而不是问题的根源。压住情绪,虽然让情绪暂时得到控制,但是问题并没有得到真正解决。实际上,每种情绪都有其意义和价值,一个人出现了什么样的情绪,其实是在告诉这个人,他的生活和事业在哪里出了问题,需要作出处理。比如,当我们考试的成绩不理想时,可能会情绪低落。但如果我们不甘心落后与失败,振作精神,奋起直追,就把消极情绪转化为积极情绪了。这种感觉如同痛感,只有你感觉到了痛,才会把手从火炉上抽回。情绪也一样,如果没有各种各样的情绪表现,我们的种种感觉就会被削弱。

也就是说,控制情绪,并不是要否定它、压抑它,而是要与情绪"和平共处"。如果发脾气是当下最好的选择,那就去发脾气。因为这时候的发脾气是一种情绪策略,是自主意识下可控的,是有目的的选择。这时候你不会因为情绪激动，做出不可挽回的事情，因为你的感性一直被理性牢牢驾驭着，是在理智判断哪种情绪或者行为更能达到自己的目的后，才进行启用的。

接受情绪是每个人对情绪的基本态度。对任何问题，如果一个人不能面对它，不肯承认它，那么就只能被动地受它影响，而无法很好地处理它。情绪也是如此，如果你否定它，它不会消失，只会藏在你的潜意识里，继续影响你。虽然你可能感觉不到，但是在你想象不到的地方，它可能会操控你做出你自己不想做的事。

情绪的自我察觉是自控的关键。觉察自己情绪的变化，才能更清楚地认识自己的情绪源头，有利于控制情绪，培养健康情绪习惯。例如，你被激怒了，心中蓄满排山倒海的怒气，肌肉紧绷，表情紧张，怀着敌意的冲动，这时你要觉察到它的存在，知道它随时要引发失控的行为——可能说错话，做错事，作出不正确的判断和回应。之后，才能保持警觉，理性才可能出来疏解情绪，让你心平气和地处理问题。

合理宣泄是消解情绪的最佳渠道。正所谓"堵塞不如疏导"，压抑、克制情绪阶段往往意识不到情绪的存在，这只说明情绪不在"显意识层"出现，很可能成为隐藏在心理深处的"暗流"。而聚集在心理深处的"暗流"如果找不到宣泄的途径，就会越涨越高，在心理上形成巨大的压力。这时，需要找一个或几个适合的渠道宣泄情绪，可以将情绪写出来，也可以放声痛哭，还可以享受美食、找人谈心或击打沙袋，等等。

意识重建是自控的最高境界。意识重建，即有意识地用建设性的态度对情况重新解读。其态度就是，站在对方的立场上，想一想对方是否情有可原。很多时候，我们常会以一种单一的思维去解读身边发生的事情，比如当你在路上正常驾驶时，前面的车毫无征兆地突然刹车，你急踩刹车，才避免追尾。你本能的反应一定是："真险！差点要了我的命！这个司机是不是有毛病啊！"这时，如果你换一种思维方式，这样想："这个人是不是新手啊？是不是有很着急的事情啊？需不需要帮助啊？"这样想的话，你的怒气可能就会烟消云散。

所以，当我们产生诸如恐惧、焦虑、嫉妒、羞愧等情绪时，试着从多个角度，或者换一种思维解读遇到的问题，事情可能就会展现出不同的面貌。

你可以"杀死"焦虑

现如今,焦虑情绪普遍存在于每个人的生活中,它已经不是某个人的事情了,整个世界似乎都在贩卖焦虑。我们也曾尝试用各种方式摆脱它:喝酒、听音乐、剧烈运动,甚至跑到海边、楼顶大喊。

但是,短暂的缓解之后呢?你会发现它依然存在:工作仍然没有起色,孩子转学的事情依然没有进展,信用卡的账单也依然还在……只有等一件事情彻底解决了,心才能放下来,焦虑也才会消除,可是很快又开始担心起别的事情来了,焦虑卷土重来。就这样,在与焦虑的搏斗中,我们屡屡败下阵来。

造成这一结果的主要原因是我们的办法只治标不治本。如果你焦虑的心理没有改变,就会有解决不完的问题,焦虑也会一直困扰着你。

只有弄清楚焦虑的底层逻辑,我们才能真正"杀死"它。

焦虑,本质上是安全感的缺乏,一般是由所面对的事物未来走向的不确定性引发的。要么是你高估了坏结果发生的可能性以及它的危害程度;要么是你低估了自己的应对能力。比如你焦虑工作还没做完,你的大脑会自动制造一连串的负面信息,让你往坏的方向去想:我会搞砸它、我无法如期完成,等等,而且还会联想由此产生的一系列不利后果:领导肯定会很生气,他会对我很失望,我会失业,房租会付不起……但这些并不是事实,只是你内心因恐慌而产生的臆想。

所以,要想真正战胜焦虑,绝对不是去解决不确定性(因为未来永远是不确定的），而是要学习去面对和接受不确定性。

事实上，所有在内心深处折磨你、让你痛苦的，都是你不愿意接纳的。不愿接纳就会产生对抗。当你的思维活动开始与情绪对抗时，你的专注力就不再集中于当前所进行的工作，而这会让你更加深陷情绪之中，焦虑由此产生。

一位高僧有与飞禽走兽说话交流的特殊能力。在一个闷热的夏夜，屋外青蛙和蛐蛐儿的鸣叫，让他心烦意乱，无法诵经。于是，他对着屋外生气地大喊："蛙儿、虫儿，请你们安静些，别叫啦！"屋外喧闹的声音立刻停了下来。可不知为什么，高僧仍是心神不安，难以平静，无法继续诵经。他觉得似乎有两个人在自己的心头对话："上苍会不喜欢蛙叫虫鸣吗？""如果上苍不喜欢，为什么要让它们夜夜大合唱呢？""看来上苍一定是喜欢的！""那有什么理由禁止它们欢乐呢？还是让它们继续歌唱吧！"高僧似有所悟，片刻后，他对着屋外高兴地喊道："蛙儿、虫儿们，对不起，请你们尽情歌唱吧！"蛙鸣虫叫又立刻重新开始了。说来也怪，尽管它们发出的声音同以往并没有什么不同，但这时的高僧却感觉不到吵闹，反倒觉得它们的叫声格外地悦耳、和谐与美妙。他诵经时也突然感到，除了自己的祈福声之外，还有众多生灵的祈福声与之相和。

其实我们的焦虑情绪，或者说其他一切消极的情绪，就好像是喧闹的"蛙鸣虫叫"，当我们接受它们时，它们就不再成为我们的困扰了。

所以，我们首先要允许自己焦虑，告诉自己，是人就会焦虑。任何一种情绪都只是情绪源的外在表现罢了，所有那些固定的、自动化的、无意识的思维活动的产生和发生机制，都是正常的，都不是你的错，不要因此否定自己。你要允许自己这个样子，接纳自己这个样子。

实际上正是因为有了对当前遭遇的担心、害怕、焦虑和不安，我们才能提高注意和警惕，提升觉醒的速度，在大脑皮层上形成"警戒点"，并加以剖析辨认。这样，就会有利于我们克服所遇到的挫折、困难和失败，使事情向好的方面转化。

而接受焦虑，允许自己焦虑，就是在让焦虑成就我们的"修行"。因为只有这样，我们才会把注意力放在引起焦虑情绪反应的根源上，而不是陷入焦虑情绪当中。当我们回到当下时，才会把手头上该做的事情完成，用行为代替焦虑的情绪。比如你担心工作做不好，那就提醒自己现在做点什么，然后就开始做，碰到了问题就去解决问题，不管是去问别人，还是自己去查资料、去钻研都可以。柳暗花明之后，你就会感叹："杀死焦虑，原来如此简单！"

与敏感和谐共处

敏锐力或者敏感度一直被视为艺术和成功的灵感来源。敏感的人，能及时感知条件、情绪、氛围和能量的转变，能对自己和身边的人有清醒的链接和感觉，这种天赋是令人羡慕的。

但这种天赋对拥有它的人来说，有时却未必是好事。

设想一下，如果有人对另外一个人说："你的长发比以前乌亮了，柔美极了！"这个人会怎么想？

如果这个人不仅不感谢对方的赞美，反而心里认为对方是在嘲讽她：说我长发柔美，言外之意是我面貌丑陋、体态臃肿，或者认为我的发质之前很糟糕，不如她的头发柔美。那么基本可以断定这个人是一个高度敏感的人。

高度敏感，说白了就是内心想法太多。他们对别人说的话、做过的事总是喜欢一帧一帧地琢磨、脑补，曲解和夸张一切外来的信息。比如，伴侣不回微信，就认为对方对自己冷淡了；自己做了一个不好的选择，就认定自己很糟糕；对方没有履行诺言，就认为感情发生变化了……

无疑这类人是在用一种幼稚的认知方式，为自己营造可怕的"心灵监狱"。因为当一个人执着地"徜徉"在各种事物含义中的时候，负面想法就会滋生。这样过度敏感，会把一些简单的事情复杂化，会让脑中的"发条"始终是绷紧的。承受这个最大折磨的对象其实就是这个人，这也就是我们常说的自寻烦恼。

但是如果认为不想自寻烦恼就可以不想的话，那就把问题想得太简单了。遗憾的是,我们永远无法真正控制自己的思想。我们能做的只能是停止"内耗",学会与敏感和谐共处。

事实上,高度敏感的人之所以会想太多,是因为他们倾向于非理性的逻辑思维,即他们喜欢将一个人的所有行为都与其价值观对应起来。在他们看来,哪怕一个微小的行为动作,都代表着当事人的价值观。以"没回微信"为例,高度敏感的人往往会这样思考:他没回微信,是因为我做错了什么吗?他没回微信,是因为他出了什么事情吗?他没回微信,是因为他不想搭理我了吗?他变心了,不再喜欢我这样的人了……

理性的逻辑思维,可以这样解读这件事:他没回微信,可能因为手机没有电了;他没回微信,可能因为忙着工作;他没回微信,可能因为手机忘记带了……可见,高度敏感的人考虑事情往往充满臆想,凡事往坏处想,而不愿从客观实际出发判断问题。

佛罗里达大学的心理学家巴里·舒兰克说:"完全没有必要去探寻一个人的所作所为是否别有用心。"大多数可能的情况是他们根本没有意识到你会受到伤害。当你向对方指出失礼的言行后,"冒犯者"通常会致歉。

所以,当习惯性的胡思乱想再次出现时,有必要提醒自己:回到理性的逻辑思维上来,不要主动制造烦恼的信息来自我刺激。当你真正学会了"不在意"他人,真正懂得了如何与一个人相处,那你也就从敏感的自我中挣脱出来了,即使面对一些真正的负面信息、不愉快的事情,也能处之泰然,处理得当。

在脑子里装一个"调压阀"

很多时候，我们会觉得自己很累，时刻想要逃离。而这种累，实际上是"心累"，主要是由心理压力造成的。

心理压力到底是一种什么样的"东西"呢？

我国知名心理咨询专家曾奇峰先生说过：心理压力是魔鬼与天使的混合体。一方面，它是能带给人心灵和躯体双重伤害的魔鬼，而另一方面，压力又能让我们保持较好的觉醒状态，让我们的智力活动处于较高的水平，能够更好地处理生活中的各种事件。

美国马萨诸塞州的艾摩斯特学院曾做过一个很有意思的实验：工作人员用很多铁圈把一个小番瓜整个箍住，然后观察当番瓜逐渐长大时，能够承受铁圈多大的压力。实验结果表明整个番瓜承受了超过5000磅的压力，瓜皮才破裂。这足足达到他们最初预估可以承受500磅的压力的十倍。而且，当他们试图把这个番瓜剖开时，刀具和斧子都"败下阵"来，最后是用电锯锯开的。这个番瓜果肉的强度相当于一株成年的树干！

小小番瓜所能承受的压力大到超乎我们的想象，其实人类又何尝不是如此！日复一日，年复一年，我们从事着自己所熟悉、擅长的工作，如果我们愿意回首，细细审视，将会发现：正是看似紧锣密鼓的工作挑战、永无休止的难度、渐升的环境压力，在不知不觉间造成了我们今日的非凡能力。所以说，有时我们排斥、痛恨、逃避压力，还不如就主动承受，顶着压力不断前进，让自己的适应力、处理问题的能力不断提高。

第七章 》 情绪梳理的底层逻辑

但是，想要完成压力与动力之间的转换，却并非易事。没有压力我们会松懈，而压力过大，又会压垮我们，让我们丧失信心和激情。

那么，压力和动力之间的最佳平衡点在哪里呢？

心理学上将压力和动力的平衡点称为"贝克尔境界"。世界网坛名将贝克尔之所以被称为常胜将军，其秘诀之一便是：在比赛中，自始至终防止过度兴奋，保持一种轻松而不放松的心态。这就是"贝克尔境界"，也就是人们常说的"度"。

这个平衡点就好比给我们的脑子里装个"调压阀"：

当我们觉得自己的压力太大了，就选取适当的方式松松劲儿，发泄发泄，比如：倾诉——通过适度、恰当地倾诉，将工作中的压力逐步"转"出去，也可以从朋友那里获得支持和鼓励，重新唤起奋进的勇气与决心。写作——美国心理协会推崇通过写作减压。这个方式可以有效将生理、心理上的一切烦恼"发泄"出去。大笑——科学实验证明，当人开怀大笑时，体内引起压力的激素可的松和肾上腺素开始下降，免疫力增强。这种效果能持续24小时。有趣的是，当预感即将大笑时，这种效果就已经开始了。听歌——音乐可促进身体和心理的放松，缓解紧张的情绪，减轻心理压力，还可获得力量和勇气。睡觉——疲惫的身心更容易产生压力，一个有充足睡眠的人要比经常性失眠的人承压能力强，有更强的力量应对不利环境。另外，睡眠不足容易损害人体的T细胞，而人体的T细胞是负责对抗外来细菌的。运动——慢跑、快走是一种缓解压力的好办法，简便易行。

当你觉得自己缺少了激情时，就给自己上上劲儿，逼自己一把。古语曾有"置之死地而后生""破釜沉舟"等说法，讲的是事情到了关键时刻，当事者才不得不冷静下来，绞尽脑汁去思考转危为安的方法。著名科学家贝弗里奇也说："人们最出色的工作往往是在逆境中做出的，思想上的压力，甚至肉体上的痛苦，都可能成为精神上的兴奋剂。很多作家、画家平时灵感难寻,只有在交稿时间非常迫近而产生的压力下,大脑里才涌现出灵感。"

逼自己,就是要求自己要比过去更强、更快。逼自己,就是要求自己实现超越:别人想不到的,我要想到;别人不敢想的,我敢想;别人不敢做的,我来做;别人认为做不到的,我一定要做到。不逼自己一把,你永远不知道自己有多优秀!

掌握好节奏,把握好压力的"度",让自己处于不温不火的半兴奋状态,循序渐进地前进,最终会让自己从容实现超越。

真正的自信是勇气

什么是自信？

可以简单理解为，自信就是相信自己，经由相信自己所产生的正面能量，催生力量，从而使自己勇往直前面对挑战。

从这个意义上来说，自信的本质其实是勇气。也就是说，缺乏信心并不是因为出现了困难，而是缺乏面对问题的勇气。比如，很多人一遇到事情，还未曾仔细思量这个事情的困难程度，就预先在自己心底放下了"栅栏"——"这事是不可能完成的！""这事不靠谱儿！""哪有这回事？怎么可能？""算了吧！别试了！""这样的好事怎么可能轮到我？一定有问题！""这么大的项目，我怎么谈得成？""这个客户很固执，这桩生意不可能谈成！""形势这一变，事情一定泡汤了！我没有办法应对。"

这种种"不行"，其实都是我们自己缺乏直面问题的勇气，都是自己给自己设下的无形障碍。正是这种无中生有的无形障碍，使我们谨小慎微，裹足不前，错过了许多我们本来应该去做，而且能够做好的事。

要想完好彻底地解决这个问题，就要从底层获得真正的自信，就要有面对任何问题的勇气，这是做事成功的出发点。

其实，在我们开始做任何事情，尤其是开拓新领域时，有恐惧心理是很正常的，它使我们意识到我们应该准备处理事情或是规避某些问题。从积极方面来看，对某些事物或问题适当的恐惧，可提高我们的警惕，督促我们考虑事情更加周全，处理问题更加小心谨慎，趋利避害，更好地保护自己。而消极的一面是让我们知"难"而退，本来可以通过努力完成的事，也因恐惧而不敢轻易尝试，最终选择放弃。

对待恐惧心理的态度，将有勇气的人和怯懦的人区分开来。怯懦的人往往会接受大脑发出的下意识命令："我做不到""我做不好""我搞不定"——阻止你去尝试——从而选择了放弃。即使你勉为其难地去做，也很难获得想要的结果，因为你已经在心底种下了失败的种子。而有勇气的人则在承认内心恐惧的同时，努力找出产生恐惧的原因，并认真、深入地剖析它们，最终他们认为自己可以处理好问题，或者觉得至少值得尝试一下之后，他们就开始行动了。

总之，能不能做出更出色的事情需要我们有足够的自信，敢去想，敢去做，只有这样成功才会到来。很多事情，一定程度上，我们觉得自己能做到，就可以做到。我们觉得自己做不到，就做不到。既然这样，那就消除"我不可能做到""我不敢去做"的想法，勇敢去面对，勇敢去行动。

因此，遇到困难时，多问问自己"能否变不可能为可能"，而不再轻易地去作出"不可能""不可行""做不到""无法胜任"等判断，尽可能地寻找可能性。当你把关注点从"不可能"转移到"有可能"上面时，实际上就已经迈出了关键的一步，就获得了一种能量，一种自我突破的能量，也许"不可能"真的就变成"可能"了。

勇气不足的人一旦遭遇挫败，很容易丧失信心。心理学家曾用五条狗做过这样一个实验：他们把五条狗关在一个笼子中，在笼子外放好食物，人拿着棍子站在笼门边。打开笼门，笼子中的狗虽然想出来，但看看拿棍子的人，都忍住没有出来，最后一条狗忍受不了美食的诱惑试图出来，笼门口的人用棍子击打狗，逼迫出来的狗退了回去。这样几次后，当撤去守在笼门口的人，笼子中的狗也不再试图出来，而且眼中露出恐惧的神色。

这个实验提醒我们，在准备做某件事情前，要尽量考虑周全，对可能遇到的困难要有充分的应对准备，要尽量避免挫折，争取成功，期间每一次小小的成功都是对自信心的强化。

幸福＝效用／期望

人人想要幸福，但显然并不是人人都能获得幸福。要想获得幸福，还是应该从它的底层逻辑出发去寻找。

那么，获得幸福的底层逻辑是什么呢？关于幸福，经济学上有这样一个简单而有趣的公式：幸福＝效用／期望。

从这个公式看，要想提高幸福的指数，无非两种途径：要么增大分子，也就是提高效用，要么降低分母，就是降低期望。效用是指人们的欲望得到了满足。虽然效用因人而异，不同的人对效用的要求是不同的，但一般情况下，每个人的效用是相对固定的，波动性不大。这样，降低期望值，就是增加幸福感最行之有效的方式了。

举例来说，如果你捡到了一块钱，只想用这一块钱吃碗白米饭，那么你的期望值是1，效用值也是1，你的幸福感就是100%。但是，如果你想去瑞士游玩，去周游世界，去澳门狂赌，你的期望值是10万，甚至是100万，那么你的幸福感就变成了十万分之一，甚至是百万分之一，幸福感就变得微乎其微了。

由此看来，绝大多数人都完全可以获得幸福。实际上，很多人之所以感到不幸福，并不是生活真的亏待了他们，而是他们对幸福的期望值太高，以至于忽略了幸福的本质。

这些人常常给自己找出一大堆不幸福的理由，什么工作不好、工资不高、伴侣不理想、孩子不争气，还有颜值不在线，没别人家境好、老爸没钱没权，等等，试图将自己的不幸福都归罪于老天的偏心、命运的不公。如果理性思考一下，就会发现这些理由都是欲望太高导致的,为什么不想想自己有个稳定的工作,有个和谐的家庭,有个健康的身体等这些幸福的理由?

我们把幸福生活想象成自己希望的某种美好的形式,如果现实生活和自己预想的不一样,就会感到生活不如意,自己不幸福。其实,有期望本身是好的,但如果你憧憬过度的话,那么,那些期望就会变成一个个高高的门槛,把你阻隔在了幸福的门外。

所以,我们需要重新对幸福定义,或重置幸福在内心的评价体系。比如:对爱人,只要他爱你,爱这个家,负责任,有担当,那你就是幸福的;对孩子,只要他健康快乐,你就是幸福的;对老人,只要他们身体健康,心情愉快,你就是幸福的;对工作,只要有意义且薪酬能满足生活所需,你就是幸福的;对同事,只要关系融洽,能互帮互助,你就是幸福的。

杨绛在《一百岁感言》中说道:"我们曾如此渴望命运的波澜,到最后才发现,人生最曼妙的风景,竟是内心的淡定与从容。我们曾如此期盼外界的认可,到最后才知道,世界是自己的,与他人毫无关系。"

幸福,原本就是自己内心的认定,你复杂,幸福就复杂;你简单,幸福就简单。

第八章
关系跃迁的底层逻辑

成功的要素之一就是懂得如何经营好自己的人际关系。挖掘社交的底层逻辑,并进行自我审视,你就会明白,在处理复杂的人际关系过程中,究竟什么才是我们最应该做的。

经营人脉圈，加快成功进程

很多富翁共有的一个特点你知道是什么吗？

《行销致富》一书作者史坦利给出的说法是——"他们拥有一本厚厚的名片簿，或者直接说他们搭建人际网络的能力强大，这或许便是他们成功的主因。"

事实上，古今中外，纯粹意义上的赤手空拳打天下，白手起家都是不存在的，也是不现实的。但凡成功之人必善于利用他人之力，他们的人脉圈越大，他们成功的速度就越快。

如果你还在通往成功的路上艰苦跋涉，那么，不妨停下来先查一查自己的"人脉存折"。它应该是非常丰富的，其中的"成员"最好上至政界名流，下至平民百姓都要有；他们的来源也要四面八方——有同学，有战友，有同事，有邻居，有客户，有朋友介绍的，有聚会认识的……总之，来源是多个渠道的。如果你发现自己的人脉成员非常单一，要么大部分是同学，要么大部分是战友，要么大部分是同事，则说明你的人脉网是单一的，要从现在开始为自己存一张丰富的"人脉存折"，而且势在必行。

为此，你要提高你的"曝光率"，可以适当参加各式团体活动，如EMBA、旅游团、健身俱乐部等团体，这些都是把自己推销给别人的好渠道，也是结交朋友的好机会。专门从事人力资源培训的企业家曾毓芬表示，最初，她是为了拓展人脉而参加人力资源协会的。虽然当时她只是会员服务组里一个毫不起眼的组员，但随着与其他成员的熟悉，她结交了很多朋友，知名度不断扩大，后来当上了人力资源协会的主席。短短3年的时间,她的月薪从五万元升至几十万元。

你还可以设法互换人脉资源。你有一个橘子,我也有一个橘子,彼此交换,还是各有一个橘子,但是,倘若你有一种思想,我有一种思想,彼此交流思想,那么双方就各有两种思想。你有一个非常好的人脉关系网,我也有一个非常好的人脉关系网,如果我们互相交换,那么你就有两个人脉关系网,而我也拥有两个人脉关系网。所以,多与别人交换人脉资源是扩展人脉资源非常有效的方法。

还要懂得借助网络的力量。网络值得我们每一个人重视和利用,可以通过微信、微博、贴吧、QQ等让别人留意到你,这可能会给你带来意想不到的发展契机。一位哈佛大学的学子说:"我曾在博客上看到一篇优美的文章,便情不自禁地写了一篇文学评论,这样就与博主建立了良好的关系。后来,我们见面才得知,原来博主是自己一直向往的公司的老板。在这样一个机缘下,我顺利进入了那家公司。"

总之,你要尽可能去结交更多的人,你结交的人越多,那么你的人脉中那个可能改变你命运的人出现的可能性就越大。

当然,学会扩充人脉网络的同时,更要懂得如何维护和管理。这里提供几个"小成本"管理建议,不妨一试:

1. 建立档案。当《纽约时报》记者问美国前总统克林顿是如何维护自己的政治关系网时,他回答道:"每天晚上睡觉前,我会在一张卡片上列出我当天联系过的每一个人,注明重要细节、时间、会晤地点以及与此相关的一些信息,然后输入我的关系网数据库。我就是通过这样的方式结交了很多朋友,这些年来这些朋友帮了我很多忙。"

2. 保持联系。保持联系是维持感情的前提。你可以记下那些对朋友们来说至关重要的日子,比如生日或周年庆祝日等。在这些特别的日子里准时和他们通话,哪怕只是给他们发个信息,他们也会高兴万分,并由此对你增加好感。

3.巧用人情。人只要互相接触就可能产生情分,这情分就是人情。人情好比银行存款,存的越多,可领出来的钱就越多,存的越少,可领出来的也就越少。

其实,生活当中你所认识的每一个人都有可能成为你生命中的贵人,成为你事业发展的助推器。如果你能在平时注意积累和培养自己的人脉圈、朋友圈,多结交一些人,那么这些人就有可能帮助你在事业发展上取得成功。

先让自己变得值钱

我们都知道,"股神"沃伦·巴菲特是享誉全球的著名投资人,自 2000 年起,巴菲特每年拍卖一次与他共享午餐的机会,并把拍卖收入捐给美国慈善机构格莱德基金会,用于帮助旧金山地区的穷人和无家可归者。这项竞拍最低中标价格为 2001 年的 1.8 万美元,最高价为 2011 年的 262.6411 万美元。

为什么有人会甘愿花数百万美元购买一个和人共进午餐的机会呢?只因为这个人是"股神"沃伦·巴菲特,因为"股神"沃伦·巴菲特的话很值钱。

人们普遍相信"近朱者赤,近墨者黑"。和勤奋的人在一起,就不会懒惰;和积极的人在一起,就不会消沉;与智者同行,就会不同凡响;与高人为伍,就能登上巅峰。所以,才有人甘愿为一顿午餐花费几百万美元。

事情的一个真相是,并不是你认识什么样的人,就会变成什么样的人,而是你能创造什么样的价值,就会认识什么样的人。

《新约·马太福音》中有这样一个故事:一个国王远行前,给三个仆人每人一锭银子,吩咐他们:"你们去做生意,等我回来时,再来见我。"国王回来时,第一个仆人说:"主人,你交给我的一锭银子,我用它已赚了 10 锭。"国王奖励了他 10 座城邑。第二个仆人报告:"主人,我用你给我的一锭银子,赚了 5 锭。"国王奖励了他 5 座城邑。第三个仆人报告:"主人,你给我的一锭银子,我一直包在毛巾里,我怕丢失,一直没有拿出来。"国王让他将那锭银子给了第一个仆人,并且说:"凡是少的,就连他所有的,也要夺过来。凡是多的,还要给他,叫他多多益善。"

这是一个著名的心理学效应,叫"马太效应"。它的寓意是贫者越贫,富者越富。

这些看似不合理的现象,其实是合乎逻辑的。想想现实生活中,人们是不是对你作出一定的身份判断后,才会给予你相应的对待?那些看上去"有身份""有地位"的人,通常会得到更多的优待,除了在态度上受到尊敬、重视外,还会获得更多的信任、机会或者更高的待遇。一位知名的演讲家私下里对朋友说:"你知道吗,成功之前我经常发表我现在发表的演说,但是没人听我讲,他们甚至嘲笑我的一些富有远见的观点,而现在他们听我讲了。那些过去完全不理会我讲话的人,现在总是赞同我的观点。"

这件事告诉我们,要想认识和结交更多优秀的人,得到更多的认可,必须先让自己变得"值钱",能够"配得上"这些资源,像上文中与巴菲特吃午餐的人,别忽略了,获得这个机会的人,本身得是能拿得出数百万美元的人。

这不是趋炎附势,这是社会发展的一个客观规律的体现。毕竟要考察一个尚未得到社会认可的人,要花费很多精力和冒一定的风险,而如果对方是已经有所小成的人,那么一定程度上,则降低了风险。人们当然愿意和成功者交往了。这不也正是绝大多数人的真实想法吗?

人脉的本质是利益互换,是双方的共赢,而不是单方的消耗。

石油大王哈特出生于一个贫穷的家庭,没有接受过几年正规学校教育。成年后的哈特去了城里,他想在城里找一份工作,可是由于没有文凭,找工作时受了不少白眼。伤心的哈特给当时有名的银行家罗斯写了一封信,希望得到对方的帮助。

几天后,罗斯回信了。可是在回信中,罗斯并没有对哈特表示同情，而只是给他讲了一个关于一条没有鱼鳔的鱼的故事。那天晚上，哈特躺在旅馆的床上一直想着罗斯的信。天亮时，哈特作出了一个改变他一生命运的决定。他跟旅馆的老板说：只要给一碗饭吃，他就可以留下来当服务生，一分钱工资都不要。旅馆老板很高兴地留下了他。10年后，哈特通过自己的努力取得了成功，拥有了令全美国人羡慕的财富，并且娶了银行家罗斯的女儿。

现实生活中，我们可能也会有机会接触到一些成功人士，不过如果你费尽心思与这些"大人物"拍照合影、互加微信，就自以为与他们缔结了友情，建立了联系，能够得到他们的帮助，那只能说你想多了。哈特的成功，归根到底是他自己努力的结果。当你没钱、没资源、没背景的时候，唯有通过努力获得实力。当你足够优秀时，赞美、认可、资源……一切你想要的东西，才会纷至沓来。

当然，这种被需要不仅是物质上的，还可以是情感上、精神上的，只要你成为他人眼中不可替代的存在，那你就有成功的机会了。

"利他"是利己的底层逻辑

由于人性中自私本性的作祟，我们做一件事时，习惯思维是先利己。这是可以理解的，一定程度上也是无可厚非的。不过，这不代表它是正确的，也不代表它会取得好的结果。从整体来看，即使它可能帮助你短时间内获取一定的利益，这种成功也无法长期维持。因为利己的同时，往往忽视了他人的利益，将他人推到了对立的位置，最后往往损人不利己。

实际上，真正的利己，是以利他为起点的。当我们将利他放在第一位，把利己放在第二位时，会发现以利他思维为基础的体系，内耗非常小，更容易凝聚大家的力量，就像一位哈佛大学教授常对他的学生说的："要想得到我们想要的东西，我们必须先给予别人想要的东西，只有这样，我们才能互惠共生，达到双赢"。

这其实说的就是心理学上的"互惠效应"或"互惠原则"。一名大学教授曾做过一个小小的实验：他给一群素不相识的人邮寄去圣诞卡片。虽然他估计会有一些回音，但随后所发生的事情还是大大出乎他的意料——那些素未谋面的人回寄的节日贺卡，像雪片似的飞来。事后调查证明，大部分给他回赠卡片的人根本就没有想过去打听一下那个给他们邮寄卡片的教授是谁，而是收到卡片，就自动回了一张。这个实验一定程度上证明了这一心理学效应。

"爱出者爱返，福往者福来。"你对别人怎样，别人就会怎样对你。人与人的来往，讲究的是礼尚往来，帮助别人其实就是帮助自己。这就是利他即利己的道理。

第八章 》关系跃迁的底层逻辑

利他,尤其是在当我们不求对方回报时,更易发挥出效应。这种情况下,实际上是将对方置于一种焦急的心理状态之中——他们想尽快回报你的好意。这种情况下,如果你想求对方办事或者有什么要求,此时提出来会有极高的成功概率,因为在此时的心理状态下,对方会希望能尽快为你做些什么,当然不会断然拒绝你的要求了。

从这种意义上来看,我们应该在日常工作和生活中,力所能及地多给予别人一些帮助,这样就会在自己需要时多一些助力。"红顶商人"胡雪岩深谙此道,平时他从不吝惜银子,甚至到了有"求"必应的地步。时任浙江藩司的麟桂调任江宁藩司,临走时在浙江亏空的两万多两银子需要填补,又一时筹不到钱,便找到胡雪岩请他帮助。胡雪岩十分爽快地应承下来,以至麟桂派去和胡雪岩相商的亲信也感动不已,称胡雪岩实在"有肝胆""够朋友",让他趁麟桂此时还没有卸任,有什么要求尽管提出来,反正惠而不费。胡雪岩没有提出任何索取回报的要求,只是希望麟桂到任之后,如果有江宁方面与浙江方面的公款往来,能够指定由他的阜康票号代理。这一点点要求,对于掌管一方财政的藩司来说,自然是不费吹灰之力。事实证明,胡雪岩的投资是非常值得的,最终他从这个"投资"中获得了极高的回报。

可见,"利他",就是最高境界的"利己"。现实生活中,处理工作、家庭、休闲娱乐等方方面面的问题,都可以应用这个"原理"。比如,想和一个人交朋友,可以找机会请对方吃饭,让对方感知到你的友善,也使对方欠了你一顿饭的情,正常情况下,对方会找机会回请你,这样就增加了交往。再比如,假设你的同事要去一个你熟悉的地方出差,你可以将你了解的包括宾馆、饭店、当地的景点以及风土人情等情况制作一份建议书给你的同事,相信你的同事对你的这份心意必然心存感激。

只知索取不知回报的人毕竟是少数，多数人都秉持"投桃报李""来而不往非礼也"的想法，自觉和不自觉地保持着付出与索取的平衡。如果你帮助了其他人，你也多半会得到对方的帮助，而且你帮助的人越多，获得的回报也会越多，正如印度谚语所说："帮助你的兄弟过河吧！瞧，你自己不也过来了吗？"

有边界感,是对自己和他人的尊重

几乎所有的动物都有领地意识,大到狮子、老虎,小到老鼠、昆虫都有这种意识、行为。比如狗在住处四周撒尿,就是领地意识的体现,通过这个行为警告别的狗不要越界,若哪只狗贸然闯了进来,"主人"便会汪汪大叫着上前将其赶走。

其实人类也有这种意识,只是和动物表现方式不同罢了。与人交往时,我们是不是都有这样的体会:必须与他人保持一定的空间距离才会感到舒服。如果对方逾越了这个距离,我们就会感到不自在。这其实就是人的"领地意识"最直观的表现。

人类的领地意识,其实就是边界感、分寸感。边界感的本质,是对所有权的认知。简单说就是你要知道,什么是你的,什么是他的,边界在哪里,说话和做事要在一定范围内进行,如果要越过"边界",需要先征求对方的同意。

除了物理上能看得见、摸得着的边界,还有心理上的边界,很多时候,我们更在意的是心理层面的边界感。现实生活中,大家往往分得清楚物品的所有权,但对如时间、隐私、权利……这些无形东西的所有权,很多人的边界感却不是很明晰。比如,很多父母打着"关心"的旗号,过多参与新婚夫妻的小家庭事务。有些男生在追求女生的时候,死缠烂打,做出一些自以为高明的事,希望通过自我感动式的付出,换取对方回馈好感的控制权,这也是边界感不清晰的表现。

俄罗斯作家邦达列夫说:"人类一切痛苦的根源,都源于缺乏边界感。"世间所有美好的关系,实际上都是建立在界限感基础上的。很多让人不舒服的举动,通常都是因为对方越了界。一段健康的关系,就是别人不侵犯自己边界,自己也不去侵犯别人的边界。所以,我们要时刻提醒自己不要侵犯别人的边界。这是一个成年人应有的基本修养。

边界感,不是虚假做作,而是对自己和他人的一种尊重。边界感还是对人的一种保护,让人的心理处于舒适的状态。《欢乐颂2》中有一个片段:出来倒垃圾的樊胜美,碰到了心事重重的安迪。她看出安迪心情不好,想关心又怕触及痛处,于是轻轻问了一句:"你需要我吗?"就是这样一句很简单的问话,让安迪感到贴心的温暖。有边界感的关心,有诚意,也能留有余地,让朋友在感受到关心和温暖的同时,又不会有心理负担。

但是,现实生活中,很多人常常是守住了自己的边界,却时常侵犯别人的边界。比如,打工一年回家,周围的亲朋友邻,找机会就问为什么不结婚,怎么还不生孩子,一个月赚多少钱……热情过了头其实就是不识趣,是在以好心好意的名义绑架别人。此前网上有一句话很流行:"你在教我做事?"足以证明大家对爱说教、爱评价他人的人有多反感。同事买了一件新衣服,没问你的意见你就主动评价(尤其是带有批评性或建议性的评价),往往会让对方认为你没有边界感,即便你们很熟悉。

再亲密的关系,都应该保持距离和分寸。凡事过了"度"就失去了准则,好事也有可能变成了坏事,很美的事情也有可能变得不美了。"己所不欲,勿施于人",不为难自己,也不勉强他人,这样才是最好的状态。

建立闭环思维，做靠谱的人

知乎上有人问：对一个靠谱的人的最高评价是什么？

点赞最高的一个回复是："凡事有交代，件件有着落，事事有回音。"

我想它之所以会引起大家强烈的共鸣，大概是因为我们身边有太多不靠谱的人吧。比如，你约对方晚上七点到某餐厅吃饭，时间到了，对方既不出现，也不给你打电话说明情况，半小时之后你联系对方，才得知对方在加班；再比如，你交代下属做某项工作，可是在执行过程中，下属不和你沟通进展情况，有问题也不反馈，直到最后无法进行下去了，才来说明情况。与这类人交往，除了让人发出"这人太不靠谱"的感慨外，剩下的就是敬而远之了。

而他们之所以"不靠谱"，一个重要原因是缺乏闭环思维，即完成一项工作或处理一项事情，不管执行效果如何，都要及时将结果反馈给发起人，形成闭环链条。

但闭环思维，可不是简单的做事有始有终，它强调的是主动反馈。

举个例子：一名软件开发工程师接受的任务是在本周五下班前提交联网供水软件子系统开发测试的各项数据。如果在周五快下班时，他既没有完成测试，也没跟任何人说明情况，就下班走了的话，那他做事肯定没有闭环，这毋庸置疑。

如果他经过分析计算，判断周五下班前无法提供测试数据，但周末加两天班，则会完成测试，并提供相关数据，而且他也的确这么做了，并在周日晚上十点将测得的数据通过邮件发送给上司。请问，这种情况他实现闭环了吗？

这种情况下，他依然没有实现闭环。闭环思维要求的是及时反馈，同步进度。即使把"事情闭环"了，但反馈不及时，也已经破坏了闭环原则。另外，他也并没有确认上司收到了邮件，他应该要确认上司收到邮件，才算实现最终的闭环。正确的做法应该是，发完邮件后，再通过电话或微信告知上司，确定上司已经知悉，闭环链条才算真正形成。

闭环思维，会让你做事变得主动，更有担当精神和主人翁意识，最终让别人觉得你是个值得信赖和靠谱的人，从而愿意与你交往，也愿意把重要的工作交给你负责。

如果你不是这样的人，就要从现在开始养成做事闭环的习惯。

首先，要建立做事闭环的意识。因为只有从意识层面真正认识到闭环思维的好处和必要性，你才会主动去培养和构建这种意识。这是从"知道"变成"做到"的必经路径。

其次，要采取积极的行动。习惯是需要养成的，短时间内你大概率依旧还会不自觉依照旧习惯做事，想不起来要闭环。开始时你可以利用一些工具来提醒自己做事要闭环。比如，每次接到任务，就打开手机日历，设定日程，让手机在设定的时间（例如：提前一天、提前一小时、提前三十分钟、提前十五分钟）提醒自己及时反馈。使用这样的小技巧，有意识地练习闭环做事，直到形成习惯。

最后，培养同理心。如果你凡事都能设身处地为他人着想，那么建立闭环思维就不是一件难事。如果你是邀请方，对方爽约又不联系你，你一定很着急，甚至烦躁。有了这样的体会，当你是受邀方，在无法赴约的时候，就知道该怎么办了。

好感会带来好感

我们常常费尽心力研究如何获得他人的好感,学习各种说话技巧尝试去赢得人心,但往往效果甚微。我们说什么,怎么说,什么时间说,什么场合说,对什么人说,这里面有着大学问。期待用一种或几种谈话技巧打动所有人,无疑是把这件事情想得过于简单了。

虽然说千人千面,但人的本性却是有共性的。其中一个共性就是:人往往会把自己当成"世界"的中心,把自己的标准作为衡量一切的标准。人的这种本性决定了,当人们发现一个人喜欢自己,不管对方客观情况如何,往往也会对对方产生好感,也就是好感会带来好感。

心理学家曾做了这样一个有趣的实验:他们安排互不相识的被试(接受测试的对象),两两为一组(其中一名"被试"是研究者故意安排的"假被试")参加一系列合作性的活动。活动结束后,请"假被试"当面评价他的合作伙伴("真被试"),或夸奖,或抱怨,或先褒后贬,或先贬后褒。然后,让"真被试"选择下一次活动的合作者。结果发现,受到表扬的"真被试",往往多选择以前的合作伙伴,而受到抱怨和批评的"真被试",则往往拒绝与原来的搭档再合作。

心理学上对此的解释是,任何人都有保持自己心理平衡的倾向,都有要求自身同他人的关系保持某种适当性、合理性的心理,并根据这种适当性、合理性使自己的行为以及和别人的关系得到调整。这样,当别人对其他人做出一个友好举动或行为,表示接纳和支持时，对方会感到"应该"对别人报以相应的友好应答。这种"应该"的意识，会使人产生一种心理压力，"迫使"其也表示出相应的举动或行为。否则，人的行为就是不合理、不适当的，就会妨碍自己以某种观念为基础的心理平衡。

除了这种"善意回报"心理之外，还因为喜欢我们的人会使我们感受到愉悦。只要一想起对方，同时就会想起和他们交往时所拥有的快乐，进而心情愉悦起来。更重要的是，那些表达友善的人，使接受一方受尊重的需要得到了极大的满足。

所以，如果你想让你的"目标人物"对你有好感，不妨先让对方知道：你对他有好印象。闻名世界的"金牌销售"乔·杰拉德成功的秘诀之一，就是让顾客喜欢他。为了让顾客喜欢他，他经常去做一些看上去费力不讨好的事情。比如，每一个节日他都会给他的1.3万名顾客每人送一张问候的卡片，卡片的内容随节日而变化（新年快乐、情人节快乐、感恩节快乐，等等），卡片的正面永远写的是同一句话："我喜欢你。"用他自己的话来说："卡片上除此之外就没有什么别的东西了，我只是想告诉他们我喜欢他们。"

当然，由于个性的原因，这种直白的表达，并不是人人都愿意使用或接受的。但不管如何表达，只要让对方感受到你对他的好感，都会取得同样的效果。你可以跟对方说："我一向比较怕生，但是见到您，却一点也不觉得拘谨。""见到您，觉得心里很踏实。"通过这样的话，把自己对对方的好感暗示给对方。只要对方不对你抱有成见，多半也会对你产生好感的。

此外，还可以暗示对对方所属物品或相关细节感兴趣，如可以说："你的这个设计好特别""你的杯子看起来很精致"，等等，往往也会换来对方的好感。

再有，还可以把你对对方的好感和兴趣，告诉相关第三方，比如你们共同的朋友。一旦该信息传到对方耳中，相信对方对你的态度会变得更好。

正如非指示治疗法的创始人罗杰斯所说:"心怀'无条件的好感'去面对对方吧！对方必会敞开心扉,对您怀有好感。"即使你面对的是一名看起来不友善的陌生人,在没有证实对方是"不好的人"时,也要反复在心中默想:"他是好人！"这种感觉不仅会消除自己的反感情绪,也会在不知不觉中感染对方,而对方变得看起来"友善"。相反,如果我们一直在想"真是个讨厌的家伙",原本未怀敌意的对方极有可能就会真的如我们所想变成"讨厌的人",真的对我们怀起敌意来。

爱情的逻辑就是不讲逻辑

有人说，逻辑是个筐，万事万物都能往里装。但是爱情却是特殊的，它不合乎逻辑，这或许正是爱情的底层逻辑。

不管是旁观者，还是亲历者，都常有这样一个体验：在爱情中，不能一味地靠讲道理解决问题。伴侣之间的争吵往往到最后分不清谁是对的一方，谁又是错的一方，常常出现两个人互相认错的情景。如果两个人不管是大事小情非要分出个对错，只会一错再错，错得一塌糊涂。正如英国婚姻问题专家塞缪尔·约翰生博士所说："如果哪一对夫妇试图用理性的推理来处理家庭生活的每一件细小的事情，他们将是所有可怜虫中最可怜的一对。"

但是，这世上哪有那么多"相敬如宾"的爱人，柴米油盐的生活中难免出现大大小小的问题，这时又该如何去做呢？

既然没有逻辑可讲，或者说无须讲逻辑，那态度就比内容更重要了，比如用嗔怪代替责怪。丈夫吃饭的时候一不留神弄洒了菜汤。如果妻子皱着眉头说："哦，你总是这样，怎么回事？就不能注意点！快去拿抹布擦干！"那么丈夫极有可能会不高兴，即使他按妻子说的拿来抹布擦干净桌子了，他的心里也会因此而堵得慌，甚至会一整天闷闷不乐。同样的情景，如果妻子换一种口吻说："亲爱的，弄洒了吧，快点擦擦，这么大人了，还跟个孩子似的。"那么情形可能就不一样了，丈夫会一边嬉笑着一边擦干净桌子，而且一整天都会心情舒畅。这就是不同态度带来的不同结果。

如果两人还是不可避免地出现了"家庭战争"，又当如何看待和处理呢？

其实这多半还是态度运用不当引发的，自然也可以用"态度"来解决。一项调查显示：夫妻关系沟通中，个人的形象气质、善解人意的态度占了有效沟通的 68 分，声音的柔和度占了 25 分，交谈的内容仅占了 7 分。由此可以看出，在爱情或婚姻中，真的是不讲逻辑，不讲道理，讲的是态度。

一个聪明的女人向朋友分享她的"取胜"经验："要是我错了，吵过之后，看他还绷着脸，我就装可爱，装可怜，装精灵鼠小弟、装蜡笔小新、装樱桃小丸子，总之，就是死皮赖脸地往他身上黏。这招屡试不爽！要是我占理，他错了，我就摆一副后娘脸，再适当赏他一些搭话的机会。他会十分诚恳地向我道歉，诚恳到我绷不住脸。"

总之，夫妻双方，不管"理"在哪一方，都没有必要非要"说清楚"。就像有人说的："夫妻就像跳舞一样，你进一步，我就退一步，不然就会踩到脚。"所以该让步，一定要让步。针尖对麦芒，非要讲出一个道理来，久而久之，就会把感情"讲没了"。

《小王子》中的狐狸说："这就是我的秘密，它其实非常简单：只有用心灵才能看清事物的本质，真正重要的东西是肉眼无法看到的。"爱情不正是这样吗？用心去感受爱，而不是用你的逻辑去证明爱，这就是爱情的本质秘密。

第九章
重建底层逻辑的五条实操法则

过去你是什么样的人已无关紧要,重要的是现在你想成为什么样的人。重新构建你人生的底层逻辑,时刻保持正确的思维模式,让整个身心都充满勇气和智能,也许,你就会转入一种不一样的精彩人生。

法则一：独立思考，避免进入"回音室"

当你买了一件新衣服，很为它的独特高兴的时候，却忽然发现满大街都是同款式的衣服。在没买之前，你并没有发现有人穿这种款式的衣服。还有，即将结婚的人会发现满大街都是花车；孕妇也会比常人看到更多的孕妇。这种现象叫"视网膜效应"，即当某人拥有一样东西或一项特长时，就会比平常人更关注别人是否跟自己一样拥有这样东西或特长。

我们的思想也是这样。在形成价值观的过程中，每个人都倾向于向具有类似思维的人靠近。最终具有同类型思维的人会形成一个群体。在这样的每个群体中，成员的信念和观点通过重复被强化（就好像回音一样），这让他们很难听到群体之外的声音，更别说接受不同的观点。这种现象被形象地比喻为"回音室效应"。之前网络上有"张桂梅 PK 清华副教授"《不要站在高楼上，傲慢地指着大山》的文章，将张桂梅校长改变大山中女孩命运的"填鸭式教育"，与清华大学刘瑜老师说的让孩子成为一个普通人的教育观对立起来，一个向左，一个向右，似乎不可调和。支持和反对的双方都觉得自己才是正确的。这正是"回音室效应"带来的一个现象：群体意识的同质化和排他性，造成群体性的非理性认知。

作为一个特殊的"社会环境"，回音室具有很强的封闭性，致使每个人的认知都很难"逾越"特定的回音室的束缚。由于共鸣的原因，成员会感到身心轻松、舒适和充满自信。但是，它的弊端也是显而易见的，就是它"剥夺"了人独立思考的能力，只听到群体内的声音。

走出回音室,如同跳出舒适区,是一个痛苦的过程。但是一旦视野被打开,思维与更多人碰撞出火花后,另一种美好也会出现,会发现自己看问题变得更理性、客观,很多之前看起来无法解决的难题,现在再看似乎也没有那么牢不可破了,有一种豁然开朗、醍醐灌顶的感觉。那么如何实现这一步的跨越呢?

首先,要努力打破惯性思维。人们发现问题、分析问题、解决问题往往都是依循原有的思维路径(思维定式)进行的。人们认识未知、解决未知,都是以已知或已知的组合、变换为阶梯向前推进的。如能突破原来的思维定式,更新原来的思维模式,优化原来的思维链条,则可轻松开启独立思考的能力。

为此,要训练自己用批判性的眼光观察和分析事物。对自己所做的事,要经常以"疑问"的眼光审视,尤其是对于"想当然的事",更要提出质疑。起初,你可能会觉得幼稚、可笑,但是你会渐渐发现这样做的好处,就是你会发现你想问题更周全了,头脑似乎更灵光了。

其次,要有在反对的声音中坚持的勇气。投资大师罗杰斯给宝贝女儿的信中说:"不要让别人影响你。假如周遭的人都劝你不要做某件事,甚至嘲笑你根本不该这样想,你就可以把这件事当作成功的指引向前推进。""实验科学"先驱者罗吉尔·培根早在13世纪就提出,彩虹是由于雨水反射太阳光而形成的。这种观点和当时大家普遍接受的观点——天上的彩虹是上帝的手指在天空划过的痕迹,是格格不入的。罗吉尔·培根这个不从众的观点让他被关了15年黑牢。现在我们都知道谁是谁非了。

最后,要学会换个角度思考问题。一定程度上,"回音室效应"是由于人们只从同一角度思考问题所造成的,如果能换个角度考虑问题,情况或许就会改观。

我们可以从三个方面、六个视角来尝试转变思考问题的模式。三个方面包括：情感互换、换位思考、包容理解。情感互换，即要设身处地体验对方的真实心境，了解他的喜怒哀乐。换位思考，就是尝试站在对方的角度理解他的观念，体察他的所思所想，以及他的逻辑思维方式。包容理解，是指要尽可能站在公正的立场，理解对方的想法和行为，包容他的缺点与过错。

六个视角包括：主观视角、客观视角、相关视角、发展视角、积极视角和结果导向视角。

主观视角，即自己的视角，了解自己内心深处最真实的想法和感受。客观视角，即第三者视角，了解其他人是如何看待相关问题的。相关视角，即事件相关人视角，因为相关人与事情有某种关联，所以他看问题的视角有一定的参考价值和意义。发展视角，即用发展的视角审视事件的前因后果。积极视角，即从事情发展的良好方面去审视和解读问题。结果导向视角，即带着"问题已经解决"的心态去思考眼前的问题。

如果能做到上述几点，就可以让自己从"回音室"中走出来，学会独立思考，不再人云亦云，不再是乌合之众，看问题也能透过表面看到本质，最终提高自己的判断力。

法则二：用"思维模型"解读世界

遇到一个问题时，针对结果寻求解决之道，是最常见的解决问题的方式和路径。但是，优秀的人另有一套模式，他们会运用一些"模型"，将思维能力进行二次提升，使那些看起来纷繁复杂的事情变得有序化、简单化，使难题不再牢不可破。

这里的"模型"，指的是投资家查理·芒格的"多元思维模型"。查理·芒格曾说了下面这段富有深意的话：

"长久以来，我坚信存在某个系统——几乎所有聪明人都能掌握的系统，它比绝大多数人用的系统管用。你需要做的是在你的头脑里形成一种思维模型的复式框架。有了那个系统之后，你就能逐渐提高对事物的认知。为此，你必须知道重要学科的重要理论，并经常使用它们——要全部都用上，而不是只用几种。大多数人都只使用学过的一个学科的思维模型，比如说你学的是经济学，你就试图用其中的一种理论来解读所有问题。

"我告诉你，这是处理问题的一种笨办法。你必须在头脑中拥有一些思维模型，而且要依靠这些模型组成的框架来'安排'你的经验，包括间接经验和直接经验，然后用它们解决问题。

"你也许已经注意到，有些学生试图死记硬背，以此来应付考试。他们在学校中是失败者，在生活中也是失败者。你必须把'经验'悬挂在头脑中的一个由许多思维模型组成的框架上。"

我们可以将查理·芒格这个"多元思维模型"比喻成安装在我们头脑中的诸多个 App，对这诸多个 App，我们可以随时拿来就用，以帮助我们更好、更快速地解释、解决以及预测问题。

曾经，美国军方要求降落伞厂家生产的降落伞必须百分之百合格。厂家负责人说他们竭尽全力了，99.9% 合格率已是极限，除非出现奇迹。于是军方就改变了验收标准：每次交货前，随机挑选几个降落伞，让厂家负责人亲自跳伞检测。此后，奇迹真的出现了，降落伞的合格率达到了百分之百。

这其实就是为什么我们会说：普通人改变结果，而优秀的人改变模型。任何问题都有解决的办法，当一个问题看似无解，不知从何处着手解决时，我们需要打开对应的"思维模型"的开关，改变自己理解这个问题的模式。许多情况下，事情可能马上就会柳暗花明。比如，我们要设定工作目标时，可以打开一个名为"SMART"（S=Specific 具体的、M=Measurable 可衡量的、A=Attainable 可达成的、R=Relevant 相关的、T=Time-bound 有时间限定的）的思维模型，用它来设定清晰、详细可执行的目标。

我们常说"心想事成"，如果只是"心想"，是无论如何都不够的。当你日复一日、年复一年，做的事情几乎跟过去一样，甚至只是上一年的重复，哪来的"事成"呢？要想让结果获得满意的改变，把关注点和着力点放在结果本身是没用的，因为保证良好结果的往往是科学的流程、科学的系统和科学的模型。其实，职场中总是不乏"头脑清醒"的人，他们做事的思路与众不同，同样的工作，当你还在愁眉苦脸思索时，人家已经云淡风轻地收工了。

你若想像他们一样把头脑中的"多元思维模型"运用自如，你首先就要了解这些重要的思维模型，熟悉它们并且不断实践。比如：

帕金森时间定律：一份工作所需要的资源与工作本身并没有太大的关系；一件事情被膨胀出来的重要性和复杂性，与完成这件事花的时间成正比。

彼得原理：在各种组织中，由于习惯于对在某个等级上称职的人员进行晋升提拔，因而雇员总是趋向于被晋升到其不称职的地位。

沉没成本：已经发生或无法回收的成本支出，对现有决策而言是不可控成本，不会影响当前行为或未来决策。

…………

只要可以帮助你观察和解读世界，任何一种思维模型都应该成为你学习的对象。事实上，你头脑中拥有的思维模型越多，你就越能作出正确的决策。当你遇到具体问题的时候，你可以浏览一下自己的"学习清单"，看看有没有可以应用的思维模型，用它们去实践、反复练习。思维模型一旦扎根在你的头脑中，也就成了可以直接拿来使用的 App。

法则三：提升自我暗示的积极影响

自我意识有两种，一种是潜意识，一种是显意识。潜意识是一种主体自身不知不觉的内心意识活动，常表现为本能的欲望和冲动，它深藏于我们内心深处，属于非理性意识。而显意识则是受到有目的控制的意识，常表现为人们能动的认识、主动的思虑以及目的性明显的思维活动。

但遗憾的是，自我意识中那个理想的、积极的"自我形象"，并不是总能指导和主宰我们的行为。因为它常常会受到另一个消极的、瞬息万变的"自我形象"的干扰。前者不怕困难，勇往直前，而后者遇事退缩，自卑畏难。

这两个截然相反的自我意识，其实有一个共同的源头，那就是——自我暗示。自我暗示是人类独有的心理活动，是人的心理活动中意识思想的发生部分与潜意识的行动部分之间的沟通媒介。它是一种启示、提醒和指令，它会告诉你注意什么、追求什么、致力于什么和怎样行动，简单说就是它能支配和影响你的行为。

下面我们来看看自我暗示在这个年轻人身上"导演"了什么：

有一名看起来非常沮丧的年轻人来找咨询专家。他自称是一名人寿保险推销员，曾经在第一年中屡创纪录，但是之后情况却变得很糟糕——他的支出在增加，但是收入却在减少。他发现自己陷入困境：愈需要多赚钱，愈赚不到；愈想要促成生意，愈无法成交。他说："这到底是因为什么呢？我甚至乞求别人照顾我的生意！我是多么想成交！我想我没有希望了！"

咨询专家很快找到了问题所在，他要这位年轻人尽量往好的方面去想，要使自己深信"即使现在情况很糟，但是未来却是充满希望的。"还有"我的能力很强，是完全胜任现在工作的，只是最近运气有点差""我的野心很大""我的机会很多"，等等。

事情的结果令人十分惊异。在此后不到一周的时间内，这个年轻人的境况得到了极大的扭转，接连成交了几单生意，赚个盆满钵满。

几个月后，这个年轻人又来了。"我给你看一件东西。"他对咨询专家说。他边说边打开公文包，取出一件用报纸包裹的东西，说："请看看在我办公室中，我用镜框镶起来的是什么？"原来他用镜框镶起来一个条幅，条幅上面写了一些文字："我很富裕；我的能力很强；我的野心很大；我的机会很多；我的家庭和谐温馨。"

这就是自我暗示的力量，正是那些积极的自我暗示使这个年轻人走出困境，获得成功。

自我暗示的力量真的有这么神奇吗？

一名心理专家曾说过这样的话："一个人完全可以运用心灵的力量，来决定自己的生死。如果选择活下去，还可以决定要什么样的生活品质。"

第二次世界大战期间，凶残的德军将一个战俘蒙上双眼，绑住四肢，扬言把他的血放光，然后在他的手腕处施加一点刺痛，随后开启水龙头，一滴一滴地放水。水滴落下发出滴答的声音。令人吃惊的事情发生了，过了不长时间，这个战俘竟然真的死了。

这就是自我暗示的力量：耳听血滴之声，想着血液行将流尽——死亡的恐惧，导致肾上腺素急剧分泌，进而心功能衰竭，最终让死亡降临。

可以说，一个人的意识就像一片肥沃的土地，而自我暗示就是播撒在上面的种子。一个人可以经由积极的心理暗示，把成功的种子和创造性的思想"种"入意识；相反，也可以通过消极的暗示或破坏性的思想，使意识里"野草丛生"。我们给自己的意识里输入什么样的心理暗示，就相应地受到什么样的影响。

因此，我们有必要将思想中那些消极的、阴暗的想法用积极阳光的、成功进取的想法来替换。由于我们的意识在同一时间只能运行一种思想，正面、阳光的思想占据了意识，消极、阴暗的思想就会慢慢衰弱、萎缩。

需要注意的是，这种积极的自我暗示需要不断重复地进行，以巩固、加深它的作用和影响，最终让消极思想彻底消失在我们的意识中。这样一来，我们看问题就不再消极、狭隘，而变得积极主动，有利于从深层次剖析和解决问题。

法则四：更迭有偏差的价值观

有什么样的决定就会相应带来什么样的命运，而主宰一个人作出不同决定的关键因素是这个人的价值观。

简单说，价值观，是一个人价值取向、价值追求的另一表现形式，是一个人为人处世、解决问题所持观念的核心。一个人的价值观，是这个人判断问题是非黑白的信念体系，能够引导他追求和获得想要的东西。

举例来说，一个老师被外派去兄弟学校同部门学习，学习一个月，回校之后，被提拔为主任，可是一个处处受制约的主任不符合这个老师的职业价值观，于是，回校一个月后他选择跳槽。几年后，他辞去公职，自己创办了一所民办学校，如今做校长已经很多年了，所创办的学校在当地已经小有名气。

促使这个老师作出跳槽、创业一系列抉择的，正是他的价值观。他的价值观决定了他的一系列行为。纵然在别人眼中已经是很不错的职位和发展前景，但对他来说还是不符合他的价值观，他要在更大的人生舞台上实现自己的梦想，所以他选择了辞职，选择了创业。

生活中，我们经常遇到让自己难以作出选择的情况，其中的原因多半是某些情况或选项和我们的价值观不相吻合，而我们对此并不十分明晰，所以才迟迟作不出决定。

事实上，一切决定都植根于清晰的价值观。那些不会犹豫，通常能够很快作出决定的人，往往都是清楚知道自己价值观的人。比如物理学家爱因斯坦，一生醉心科学研究，厌恶追逐金钱，大额英镑被他随意当书签,然后随书丢了。在他看来,一个人的价值并不体现在他赚到的金钱中。当他来到普林斯顿高等科学研究所工作时,当局给了他丰厚的薪金——年薪16万美元,而他却说:"我不需要这么多钱,3000美元就够了。"

遗憾的是,据调查,有93%的人不清楚自己的价值观,他们不知道自己忙来忙去究竟追求的是什么,如同水面上的浮萍一样,糊里糊涂地过了一生。

我们每个人都应该静下来问问自己:"每天忙来忙去,到底在忙什么?我真正追求的是什么?我要达到一个什么样的目标?"明晰自己的价值观,然后依照自己的价值观规划人生,这对于我们的人生无疑有着重要的影响。社会心理学家马斯洛说:"音乐家作曲,画家作画,诗人写诗,如此方能心安理得。"当知道了自己的价值观后,就能精准定位自己的作为,就能够在匆忙的人群中找寻到自己的位置了,不会今天向东、明天向西,茫茫然却不知所为。

既然价值观正在悄悄影响和左右着我们的选择和决策,那么,我们就有必要好好审视和更新自己的价值观。华人商界大佬李嘉诚曾说过:人们往往把不成功归结于坏的运气,其实,很多人的失败是由他们错误的行为导致的,只是他们没有注意到自己的错误而已。我要说的是,他们之所以感觉不到自己的错误,是因为他们行为的背后有着错误的价值观。他们往往误把不正确的价值观作为自己行为的基础,要知道,这种错误的价值观是不可能引导他们走向成功之路的。

在职场中频繁跳槽的人中,有一类人,他们从来不曾认认真真给自己做一份详细的职业规划,也没有历经过废寝忘食的奋斗和永不言弃的坚持,他们只是频繁跳槽,并总在抱怨:没有碰到喜欢的工作,没有碰到待遇好的公司,没有碰到有伯乐慧眼的好老板……实际上真正的原因在于他们错误的价值观,他们不认同工作是一种自我价值的实现，只把工作当成谋生手段，哪里给的工资高，就去哪里，哪里待遇好，就奔向哪里，什么理想、价值、责任、担当，统统不去考虑。

改变自己与改变自己的底层逻辑，当然不容易，但却是必要的。清晰了解自己的价值观，看它们是怎么塑造出今天的你，如果认定你现在的价值观是好的、正向的，符合你的人生追求，那么就坚持下去；反之，你的价值观是消极的、有偏差的，就要考虑去改变、更新，只有这样，才能让你从深层次上把问题解决好。

法则五：做好时间管理，提升工作效率

不知道你有没有意识到：在所有的资源中，只有时间不同于其他资源。它没有弹性，找不到代用品来替代，而且永远是短缺的。它既不能停止，也不能保存。如果你不能管理好时间，要想管理好其他事情可以说是不可能的。纵观那些取得大成就的人物的经历，你会发现：他们都是优秀的时间管理大师。

有一类人，每天要处理很多事情，面对很多挑战，却总是能合理地分配时间和精力，把事情安排得妥妥当当，处理得有条不紊，在有限的时间里创造出更高的价值。

还有一类人，虽然每天要处理的事情不多，但总是一副忙得不可开交的样子，忙到最后可能还会感慨时间不够用，最终工作上没有大的进展，还把自己累成一摊泥。两种截然不同的状态，反映出来的是效率高低的问题，而效率的高低，又与对时间的掌控和管理息息相关。

如何做好时间管理，让每一分每一秒都更有意义，在如今这个快节奏、讲求效率的时代是十分重要的。

针对时间管理，刘润老师在他的作品《底层逻辑》中，使用了一个关键词：时间颗粒度。

可以将时间颗粒度理解为一个人安排时间的基本单位。它可以是年，也可以是月，还可以是天，甚至是小时或者分钟。懂得时间管理的人，时间颗粒度是趋向细微的。万达董事长王健林的时间颗粒度大约是15分钟，有些更忙的人将时间颗粒度甚至细化到5分钟。

第九章 >> 重建底层逻辑的五条实操法则

当然,时间颗粒度的大和小,并没有绝对的好与坏。虽说更小的颗粒度往往可以在同样的时间内有更多的产出,但是同时它也制造了焦虑和压力,进而带来一些负面的东西,给生活增添了不和谐因素。这反而与我们管理时间的初衷背道而驰了。

真正的时间管理,是让我们的每一分每一秒都有意义,而不是将精力消耗在无谓中。事实上,当你意识到时间管理的重要性,你的时间颗粒度也多半会随着你的自律性的增强而得到细化。

做好时间管理的一个重要前提是要做好心理准备。因为对自己进行严格的时间管理,从不自律到自律,是一个"痛苦"的过程。我们每一个人的身体里都有"懒惰基因",许多人在最开始做时间管理时常会列出类似下面的计划表:

6:00—6:30 起床洗漱

6:30—7:30 晨读

7:30—8:30 锻炼、吃早餐

8:30—9:00 去上班的路上

9:00—12:00 工作、学习

……

可以说这样的想法是没有问题的,计划也是周全的。如果能够制定一个简明有效的时间表,然后照着执行,对实现和加强时间管理自然是有帮助的,但问题在于:在实际执行过程中,可以坚持执行多长时间。事情往往是,想法是好的,计划是周全的,但就是无法坚持下去,最终竹篮打水一场空。所以最初制定的目标适当宽松些,不要定得很高,要"跳一跳,够得着"。

同时要努力提高自己的心理适应力。要知道,任何一种好习惯的养成,都需要强大的意志力。"想看日出,就必须守到拂晓。"任何美好的事物都不是信手拈来的,也不是一蹴而就的,更不是一帆风顺的。它在痛苦的泪水中孕育,在忍耐的土壤里生根,在等待的岁月中发芽,在坚守的季节里开花。但只要坚持下去,早晚都会有实现的一天。

　　做好了时间管理,做事的效率也就自然而然得到了提高。而做事效率的提高客观上证明了对事情的洞察力(看透事物本质的能力)和判断力得到了增强,底层逻辑能力自然也提高了。